Ethograms of Animals in Captivity

Edited by
Shusuke SATO　Seiji KONDO
Toshio TANAKA　Ryo KUSUNOSE
Yuji MORI　Gen'ichi IDANI

佐藤衆介
近藤誠司
田中智夫
楠瀬　良
森　裕司
伊谷原一
【編】

朝倉書店

執筆者

伊谷原一*	Gen'ichi IDANI	京都大学野生動物研究センター教授
伊藤秀一	Shuichi ITO	東海大学農学部准教授
植竹勝治	Katsuji UETAKE	麻布大学獣医学部教授
加隈良枝	Yoshie KAKUMA	帝京科学大学生命環境学部講師
河合正人	Masahito KAWAI	帯広畜産大学畜産生命科学研究部門准教授
楠瀬 良*	Ryo KUSUNOSE	社団法人日本装蹄師会常務理事
小針大助	Daisuke KOHARI	茨城大学農学部附属フィールドサイエンス教育研究センター講師
近藤誠司*	Seiji KONDO	北海道大学大学院農学研究院教授
佐藤衆介*	Shusuke SATO	東北大学大学院農学研究科教授
新村 毅	Tsuyoshi SHIMMURA	名古屋大学大学院生命農学研究科
瀬尾哲也	Tetsuya SEO	帯広畜産大学畜産生命科学研究部門助教
武内ゆかり	Yukari TAKEUCHI	東京大学大学院農学生命科学研究科准教授
竹田謙一	Ken-ichi TAKEDA	信州大学農学部准教授
多田慎吾	Shingo TADA	北海道大学大学院農学院
田中智夫*	Toshio TANAKA	麻布大学獣医学部教授
出口善隆	Yoshitaka DEGUCHI	岩手大学農学部准教授
二宮 茂	Shigeru NINOMIYA	岐阜大学応用生物科学部准教授
深澤 充	Michiru FUKASAWA	東北農業研究センター畜産飼料作領域主任研究員
福澤めぐみ	Megumi FUKUZAWA	日本大学生物資源科学部助教
森 裕司*	Yuji MORI	東京大学大学院農学生命科学研究科教授
森田 茂	Shigeru MORITA	酪農学園大学農食環境学群教授
森村成樹	Naruki MORIMURA	京都大学野生動物研究センター助教
安江 健	Takeshi YASUE	茨城大学農学部准教授
矢用健一	Ken-ichi YAYOU	農業生物資源研究所動物生産生理機能研究ユニット主任研究員

(五十音順，＊は編集者)

まえがき

　本著の前身である「家畜行動図説」は 1995 年に刊行され，すでに 16 年を経過した．しかし，その斬新性はまったく失われず，2011 年現在 10 刷を数えている．その「まえがき」で「科学は類別から始まる」と述べたが，「行動単位」の網羅的記載は行動学の基礎である．したがって，それを成書にした前著の斬新性は当然色褪せることはない．しかしこの間，前著の刊行に携わった研究者集団「家畜行動に関する小集会」は，研究対象動物を家畜に加え，伴侶動物，展示動物，そして農作物加害動物へと拡大した．2002 年からは「応用動物行動学会」として発展し，会員数が増加しつづけている数少ない学会の 1 つとなった．したがって，ここに，対象動物の拡大という改訂の必然性が生まれたわけである．しかし，すべての種を網羅することは困難であることから，編者間での論議の末，伴侶動物としてイヌとネコ，展示動物としてクマ（ときには，農作物加害動物となる）ならびにチンパンジーの行動単位を加えることとした．ウシ，ウマ，ヒツジ，ヤギの植食性動物や，ブタ，ニワトリの雑食性動物に加え，イヌ，ネコの捕食性動物，日本最大の陸生野生動物としてのクマ，そして文化的行動（学習）の突出したチンパンジーを加えることで，応用動物行動学の網羅的図説となったと自負している．改訂にあたり，行動学の基礎編である第 1 章と第 2 章も見直し，最新の内容を加筆した．また，各論である第 3 章と第 4 章も見直し，一部，不鮮明な写真を入れ替えるとともに，より判りやすい表現に改めた．なお本書では，各学問分野での専門用語とともに一般的な使われ方も重視し，本書で扱った動物の総称を「飼育動物」，物資や食料生産目的に飼育する動物を「家畜」，愛玩やセラピー目的に飼育する動物を「伴侶動物」，動物園や博物館で展示目的に飼育する動物を「展示動物」とした．ご理解願いたい．

　初めて本書に接する読者には，飼育動物の行動レパートリーの豊富さを実感し，各動物が各行動単位の中で何を感じているかに思いを馳せ，行動学の世界に飛び込んでくれることを期待したい．行動学研究者には，本書から行動の成り立ちとレパートリーの概要を知り，対象動物の行動エソグラム作成に利用していただくとともに，各行動単位の出現機構，機能，発達，進化，さらには発現にかかわる情動に関する新たな知の創造，そしてその応用に発展していただくことを期待したい．

　本書では，筆者らが収集した写真に加え，以下のたくさんの方々から，写真の提供を頂いた．

　圓通茂喜（故人），谷田創，松澤安夫，苗川博史，伊藤敏男，坪田敏男，中村美知夫，鵜殿俊文，寺本研，野上悦子，木村李花子，園田立信，太田実，西脇亜也，大城政一，石山勝敏，H. ザンブラウス，Z. ルーカスの各氏に謝意を表する．

2011 年 8 月

編者を代表して　佐　藤　衆　介

目　　次

1. 応用動物行動学の概念 ……………………………………………………………………… 1
   1.1 行動の究極的機能 …………………… 1
      1.1.1 自然選択 ……（植竹勝治・佐藤衆介）‥1
      1.1.2 最適戦略 ……（植竹勝治・佐藤衆介）‥2
      1.1.3 進化的安定戦略
                 ……………（植竹勝治・佐藤衆介）‥2
      1.1.4 文化的行動 …（森村成樹・伊谷原一）‥2
      1.1.5 飼育動物の特殊性 …………………… 2
         a. 家畜の特殊性 …（深澤　充・佐藤衆介）‥2
         b. 伴侶動物の特殊性
                 ………………（加隈良枝・森　裕司）‥3
      c. 動物園動物の特殊性と共通性
                 ……………………………（伊谷原一）‥3
   1.2 行動の出現機構 ……（矢用健一・佐藤衆介）‥3
      1.2.1 行動の出現機構モデル ……………… 4
      1.2.2 感覚器官と認知 ……………………… 4
      1.2.3 脳と神経伝達物質 …………………… 6
   1.3 学習ならびに行動発達
                 ………………（竹田謙一・楠瀬　良）‥8
      1.3.1 初期環境 ……………………………… 8
      1.3.2 学　習 ………………………………… 9

2. 行動調査の方法 ……………………………………………………………………………… 11
   2.1 行動の記載方法 ……（二宮　茂・近藤誠司）‥11
      2.1.1 行動の表現用語 ……………………… 11
      2.1.2 行動記載法 …………………………… 11
      2.1.3 調査法のデザイン …………………… 12
      2.1.4 計測の単位 …………………………… 12
   2.2 データ収集法 ………（二宮　茂・近藤誠司）‥13
      2.2.1 対象動物 ……………………………… 13
      2.2.2 対象行動 ……………………………… 13
      2.2.3 観察間隔 ……………………………… 14
      2.2.4 データの種類 ………………………… 14
      2.2.5 収集したデータの誤差 ……………… 15
   2.3 データ収集のための道具
                 ……………（森田　茂・多田慎吾・田中智夫）‥16
      2.3.1 直接観察のための道具 ……………… 16
      2.3.2 間接観察のための道具 ……………… 16
      2.3.3 コンピュータ ………………………… 18
   2.4 データのまとめ方
                 ……………（森田　茂・多田慎吾・田中智夫）‥18
      2.4.1 パラメトリックとノンパラメトリック ………………………………………… 19
      2.4.2 一般化線形モデル（GLM）と一般化線形混合モデル（GLMM）…… 19
      2.4.3 行動連鎖の解析 ……………………… 20
      2.4.4 移動軌跡の解析 ……………………… 20
      2.4.5 社会関係の解析 ……………………… 20
      2.4.6 多変量解析 …………………………… 21
      2.4.7 最適戦略の解析 ……………………… 21
      2.4.8 データのまとめ方の参考文献 ……… 21

3. 行動のレパートリー（ウシ，ウマ，ブタ，ヤギ，ヒツジ，ニワトリ，イヌ，ネコ，クマ，チンパンジー）……………………………………………………………………………… 22
   各項の行動説明　ウシ：瀬尾哲也・佐藤衆介・近藤誠司，ウマ：河合正人・楠瀬　良，ブタ：小針大助・田中智夫，
   ヤギ：安江　健・佐藤衆介，ヒツジ：竹田謙一・近藤誠司，ニワトリ：伊藤秀一・新村　毅・田中智夫，イヌ：福澤めぐみ・武内ゆかり・森　裕司，ネコ：加隈良枝・武内ゆかり・森　裕司，クマ：出口善隆・伊谷原一，チンパンジー：森村成樹・伊谷原一

   3.1 行動の類型化 ………………（佐藤衆介）‥22
   3.2 個体維持行動 ………………（田中智夫）‥23
      3.2.1 摂取行動 ……………………………… 23
      3.2.2 休息行動 ……………………………… 33
      3.2.3 排泄行動 ……………………………… 44
      3.2.4 護身行動 ……………………………… 49
      3.2.5 身繕い行動 …………………………… 57
      3.2.6 探査行動 ……………………………… 67
      3.2.7 個体遊戯行動 ………………………… 74
   3.3 社会行動 ……………………（近藤誠司）‥80

vi 目次

- 3.3.1 社会空間行動 …………………… 80
- 3.3.2 社会的探査行動 …………………… 87
- 3.3.3 敵対行動 …………………………… 92
- 3.3.4 親和行動 …………………………… 107
- 3.3.5 社会的遊戯行動 …………………… 113
- 3.4 生殖行動 ……………………（楠瀬 良）・・118
  - 3.4.1 性行動 ……………………………… 118
  - 3.4.2 母子行動 …………………………… 131
- 3.5 葛藤行動 …………………（佐藤衆介）・・144
- 3.5.1 転位行動 …………………………… 145
- 3.5.2 転嫁行動 …………………………… 148
- 3.5.3 真空行動 …………………………… 151
- 3.6 異常行動 …………………（佐藤衆介）・・153
  - 3.6.1 常同行動 …………………………… 153
  - 3.6.2 変則行動 …………………………… 156
  - 3.6.3 異常反応 …………………………… 157
  - 3.6.4 異常生殖行動 ……………………… 160
  - 3.6.5 その他の異常行動 ………………… 161

4. 社会構造 …………………………………………………………………… 163

- 4.1 ウ シ ……（佐藤衆介・近藤誠司）・・163
  - 4.1.1 野生種の生活 ……………………… 163
  - 4.1.2 社会構造（放飼・舎飼下）……… 165
  - 4.1.3 コミュニケーション …………… 166
- 4.2 ウ マ ………………………（楠瀬 良）・・166
  - 4.2.1 野生下での生活 …………………… 166
  - 4.2.2 管理下における社会構造 ……… 167
  - 4.2.3 コミュニケーション …………… 168
- 4.3 ブ タ ……………………（田中智夫）・・169
  - 4.3.1 イノシシの社会構造 …………… 169
  - 4.3.2 ブタの社会構造 …………………… 169
  - 4.3.3 コミュニケーション …………… 170
- 4.4 ヤ ギ ……………………（佐藤衆介）・・171
  - 4.4.1 野生種の生活 ……………………… 171
  - 4.4.2 社会構造 …………………………… 172
  - 4.4.3 コミュニケーション …………… 172
- 4.5 ヒ ツ ジ ………………（近藤誠司）・・172
  - 4.5.1 野生種の生活 ……………………… 172
  - 4.5.2 社会構造 …………………………… 173
  - 4.5.3 コミュニケーション …………… 174
- 4.6 ニワトリ ………………（田中智夫）・・175
  - 4.6.1 ヤケイの社会構造 ………………… 175
  - 4.6.2 ニワトリの社会構造 …………… 175
  - 4.6.3 コミュニケーション …………… 176
- 4.7 イ ヌ
  ……（福澤めぐみ・加隈良枝・森 裕司）・・177
  - 4.7.1 野生種の社会構造 ………………… 177
  - 4.7.2 コミュニケーション …………… 177
- 4.8 ネ コ ……（加隈良枝・森 裕司）・・178
  - 4.8.1 野生種の社会構造 ………………… 178
  - 4.8.2 イエネコの社会構造 …………… 178
  - 4.8.3 コミュニケーション …………… 179
- 4.9 ク マ ……（出口善隆・伊谷原一）・・181
  - 4.9.1 クマ類の分類 ……………………… 181
  - 4.9.2 野生下での生活 …………………… 181
  - 4.9.3 クマ類の生殖 ……………………… 183
- 4.10 チンパンジー …（森村成樹・伊谷原一）・・183
  - 4.10.1 野生下での生活 …………………… 183
  - 4.10.2 飼育下での生活 …………………… 184
  - 4.10.3 社会・コミュニケーション・文化
    …………………………………………… 185

参考図書 …………………………………………………………………………… 187
付　　表 …………………………………………………………………………… 188
和英用語索引 ……………………………………………………………………… 190
英和用語索引 ……………………………………………………………………… 195

1. 応用動物行動学の概念

　動物はやみくもに動くわけではない．自然選択の中で生き残ってきた現存の動物は，自己を取り巻く環境の中で，自身の恒常性を維持し，生殖を成功させるべく行動する能力を獲得してきた．野生動物と同様に，家畜もまた数百万年の進化の歴史を背負った動物である．そして，家畜化が約1万年前に起きたにもかかわらず，その後の過程において，他の形質に比べ行動に関する選抜はあまり行われてこなかった．しかも，採卵鶏では抱卵行動の消失という質的な変化がみられるものの，全般的には変化はおもに量的なものであった．すなわち，家畜の特殊性は随所にみられるものの，基本的には家畜の行動も野生動物と同様に自己の生存と生殖が効率的に行われるようプログラムされているといえる．

　まず，行動がいかにプログラム（究極的機能）されているかを知ることは，行動理解の第1歩である．しかし，プログラムはハードウェア（機構）なしには動くことはできず，ハードウェアの特性，とくに情報処理の方法を知ることは行動理解の第2の要点となる．プログラムとハードウェアがそろってもまだ不十分で，次に実行にかかわる問題が残る．動物は，究極目的を効率的に達成するために，プログラムを現実対応的に修正する（発達・学習）が，その能力を知ることが，第3の要点となる．以下で，基本的な概念を簡単に紹介する．

　行動学では，行動を「機能」，「発現機構（因果関係）」，「発達」および「進化」という4つの側面から解析し，解釈することを試みている．近年，爆発的に発展した動物福祉学の視座からは，さらに「情動」という側面からの解釈が試みられている．産業動物（家畜）や家庭動物（伴侶動物）を中心とした応用動物行動学では，行動の遺伝的基盤とか，行動の収斂とか，近縁種間の行動比較などから，行動の進化を類推する研究は多くはない．すなわち，応用という視点からは，進化研究の重要度は低いといえる．

1.1　行動の究極的機能

　行動の機能とは，その行動をすることの適応的意義，すなわち生存価を意味する．行動学では，あらゆる行動は目的指向的であると解釈し，その目的とは個体および種としての生存上の利益および生殖上の成功にほかならない．別の表現をすると，行動には近接的機能と究極的機能という時間的な二つの局面が存在する．近接的機能はその行動を起こした個体が得る即時の利益であり，個体レベルでの当該世代内における生存および生殖上の成功を意味する．究極的機能は次節で紹介するように，この近接的機能に対する自然選択の結果として，その行動をする個体の遺伝子が当該の動物種の集団内において優勢となる，種レベルでの世代を超えた環境適応を意味する．鳥のさえずりを例に説明すると，さえずりの近接的機能は個体としてのなわばりの防衛であり，究極的機能は個体レベルでのなわばり防衛の結果として，限りある地域資源の利用を個体群として調整でき，種レベルでの繁殖成功を最大限にすることができるということである．

1.1.1　自然選択

　行動を含む生物の形質は進化の産物である．進化とは，生物の形質には遺伝的な変異があることが前提となり起こる．そして，進化とは，生物を取り巻く環境の中で，その変異に伴って，個体の生存率や子の数が異なること（適応度の違い）により，徐々に個体群の中の遺伝子頻度に差が生じる（自然選択）ことをいう．すなわち，自然選択とは対立遺伝子間

での競争であり，生存率が高く，子の数の多い形質をもたらす遺伝子を選ぶ過程といえる．したがって，残ってきた遺伝子による行動は，他方の対立遺伝子による行動より，維持および生殖にとってさらに効率的となる．それはおのずと利己的とならざるをえず，利他的な行動は，他個体であっても同じ遺伝子を有する個体に対する場合とか見返りが確実な場合を除き進化しえない．

1.1.2 最適戦略

個体の維持は，他個体との関係なしで完了する個体維持行動と他個体との関係を通した社会行動によりとり行われる．そのうち，他個体との関係なしに行われる個体維持行動は，もっとも効率的な方向に進化する．それは，最少のエネルギー消費（コスト）で最大の適応度（利益）を得る方向となり，最適戦略といわれる．ウシ，ヤギ，ヒツジなどの草食動物の食草行動についても，エネルギー獲得効率が最大となるように，草地の状態に対応して摂食速度や反芻および咀嚼の時間が調節されること，体重の低下に伴い高エネルギー飼料の選択摂食が強く行われることなどが計算上から導かれ，実際そのように行動していることも知られている．また，行動圏についても，効率計算上から導かれ，体重に比例することも知られている．

1.1.3 進化的安定戦略

社会行動および生殖行動は，他個体との関係を通して行われる．これらの行動は他個体の影響を受けるため，もっとも効率的な方法は折衷的な方法で，その方向に進化する．それを進化的安定戦略という．闘争の場合，攻撃的戦略（タカ戦略）だけでも，逃避的戦略（ハト戦略）だけでも進化的には安定せず，それらの群内での混合および個体内での混合戦略が安定をもたらし，いずれも同様の適応度をもちうることが理論的に明らかにされている．実際の闘争状況の中の観察でも，攻撃的個体，逃避的個体，親和的個体などがあり，いずれも安定した生理状態であることも明らかになっている．性行動におけるオスとメスの相互行動や母子間における相互行動あるいは子の性比さえも，同じ遺伝子を有する子の数を最大にするという方向で，対立と妥協が図られている．

1.1.4 文化的行動

最近の野生動物の行動研究では，集団内に広まり，世代を越えて行動が引き継がれる文化的行動にも，注目が集まっている．文化とは「特定の社会に属する個体によって習得され，共有され，伝達される行動・生活様式」と定義される．道具使用行動は，100種類以上の鳥類や哺乳類で知られており，ヒト以外の動物における文化的行動の代表的な例として詳細な研究が進められている．本書では，行動類型として，飼育チンパンジーで日常的に観察される道具使用行動について，それぞれの機能に従い分類した．

1.1.5 飼育動物の特殊性

a. 家畜の特殊性

家畜化とは，野生種の自然個体群から小集団を隔離することで始まる．その隔離集団内では個体数が少ないため，ホモ接合体ができやすく，さらに自然環境からの隔離により突然変異個体の生存率も高まる．その結果，たくさんの形態的変異（毛色変化，長耳，巻尾など）が出現し，それらは野生種と異なり，珍しいため一般に保存，選抜されたとする説もある．これらは，行動の契機となる刺激源の変化をもたらし，適切な行動出現を阻害することもある．

それらの非経済的な形質の選抜以上に，家畜には利用目的や管理上からの経済的な形質の選抜が行われた．栄養的，管理的条件も加味されながら，産肉性，産卵性，産乳性の選抜は摂取行動を促進し，体型を変え，産卵性の追求はさらに抱卵・育雛行動を抑制し，産乳性の追求は産乳の信号刺激を産子による吸引という硬直的なものから単純な触刺激へと寛容化（汎化）させた．繁殖性の追求は，栄養・管理上の影響も相まって生殖の季節性をなくし，アヒルなどでは祖先種であるカモの一夫一妻的婚姻性から乱婚的婚姻性に変化した例などもみられる．番犬ではなわばり性が，競走馬や競走犬では走力が，闘鶏や闘犬では攻撃性がそれぞれ選抜された．また，搾乳牛ではヒトに対する恐怖反応性を軽減すべく，気質や従順性が選抜された．これらは，行動の源である動機づけレベル（衝動の強さ）を変化させた．動機づけレベルが高くなる方向に変化した場合は信号刺激は汎化され，したがって，多様な刺激に対し出現しやすくなり，低くなる方向に変化した場合は弁別化され，適切な刺激の場合のみ出現するようになった．

家畜化に伴い行動に関連すると考えられる生化学的な変化も起こる．ヒトへの攻撃性を示さない方向に選抜したキツネの選抜実験では，血漿中コルチコステロイド濃度が無選抜群に比べて半減する．さら

に，脳内でもドーパミンの局在化や，中脳など視床下部中でのセロトニン濃度の増加が起こる．また，選抜に伴って毛色の変化がみられ，毛色関連遺伝子もしくはその近傍の遺伝子が選抜されていることが示唆されている．マウスのQTL解析では，行動形質の多くはポリジーン支配であると考えられてきたが，影響の大きい遺伝子が存在することが確認されている．

b. 伴侶動物の特殊性

主要な伴侶動物であるイヌとネコはともに肉食動物であり，多くの家畜が基本的に草食動物であることと食性に基づく行動特性，とくに捕食行動がみられることが大きく異なる．ただし家畜化に伴い，捕食行動に関連する攻撃性は低下し，祖先種に比べ殺傷能力が顕著に低下している．また，イヌは元来群居性である一方でネコは単独性であるため，それぞれの捕食行動も基本的にイヌでは集団による協同作業，ネコでは独力で行うという違いがあり，イヌでは社会行動，とくに儀式的行動や親和行動の発達がみられる一方で，ネコでは個体遊戯行動の発達が特徴的である．

伴侶動物ではまた，その形態と行動において幼形成熟（ネオテニー）がみられる．これはおそらく，人為選択の過程において人間が世話をしたくなるような「かわいらしさ」が外貌とともにその行動についても求められてきたためであり，多くの野生動物では幼若個体でしかみられないような遊戯行動や世話要求行動が成熟個体でもみられる．

利用目的に応じた人為選択がなされてきたのは伴侶動物も同様である．とくに祖先種からの形態的変異が著しいイヌでは，同時に使役を目的とした行動の選抜も行われてきており，用途を大別すると牧畜犬，護衛犬，闘犬，狩猟犬，愛玩犬などがあげられる．とくに狩猟犬は探索，追従，群の囲い込み，追跡，捕殺，巣への持ち帰りといった，祖先種であるオオカミにみられる行動レパートリーの一部分の能力のみを高めた多様な品種が作出されている．それに対しネコでは行動特性の品種差は小さく，原産地の気候特性により北方系の長毛種と南方系の短毛種で活動性に違いがみられる程度である．

伴侶動物の現代におけるおもな飼育形態は家庭における人間との同居であり，人間の居住空間に適応して生活することが求められている．飼育形態は飼育者の生活様式や文化的背景により変異が大きく，飼育管理方法も多様である．さらに，飼育者が求める特性も多様であるため，飼育者の飼育目的に応じて適切な品種を選び，訓練などの介入を行っていく必要がある．

c. 動物園動物の特殊性と共通性

動物園とそれに類する施設で飼育されている動物の多くは野生動物である．つまり，野生生息地で捕獲された動物が飼育環境におかれたり，100年程度遡った祖先が野生で捕獲されて飼育環境で世代交代を繰り返したりして現在に至るものを指す．そのため，他の飼育動物（家畜や伴侶動物など）のような人為選択の歴史をもたない．世代交代を重ねたとしても，形質の選抜といった人為的影響は他の飼育動物に比べると抑制され，遺伝，行動，認知的な特性は野生生息地にいる同種のものと同一視される．ゲノムや形態の解析，生理学や脳神経科学的研究，観察や認知行動実験など，厳密な統制下で野生動物の諸特性を明らかにするために飼育下の野生動物を対象とした研究が行われてきた．一方で，動物園動物を野生生息地にいる同種個体と厳密には等しいとみなせない場合がある．遺伝的な影響の例として亜種の問題がある．同種の異なる亜種を同所的に飼育することで，動物園では亜種間の交雑が起きている．要因はさまざまあり，最近になって新しい亜種が見つかるような場合には飼育集団の多くがすでに交雑種となっている場合がある．飼育環境は行動や認知特性にも影響する．野生で生まれて飼育下で育った個体と飼育下で生まれ育った個体とでは，行動レパートリーとその時間配分は異なる．飼育下特有の行動はしばしば異常行動とみなされている．生活環境の違いによって行動が変化している場合もあれば，認知的特性が異なることで行動が変異する場合もある．さらに神経ペプチドの分泌に影響を及ぼすことも知られており，生理学的にも異なる特性を示す例がある．近年，動物園動物の多くが野生生息地で絶滅の危機に瀕する状況となっている．そのため，野生動物の研究だけでなく保全の観点からも，動物園動物は人為的な遺伝的・環境的影響をできるだけ抑え，遺伝的多様性を保つように配慮した継代的飼育が求められている．

1.2 行動の出現機構

環境からの刺激は，末梢性（感覚器）および中枢性（脳）に感知された上で，中枢に情報として取り

込まれ，動物の主体性（動機づけ）との相互作用のもとで行動として環境に働き返される．したがって，これらの機構解明には，感覚器と脳の作用の理解が不可欠である．しかし，情報処理過程はきわめて複雑であるため，行動の出現機構はそれらの解剖学的・生理学的研究のみではとらえきれず，個体に入る刺激とそれに対する反応（行動）との関係から情報処理過程を類推する方法（行動の出現機構モデル）も重要となっている．ここでは，まず代表的な出現機構モデルをいくつか紹介し，次いで感覚器と脳における情報処理の実際を簡単に紹介する．

1.2.1 行動の出現機構モデル

a. ホメオスタシスモデル

動物とは外的環境との関係を安定的に保ちながら，内部環境（体温，体内水分量，浸透圧濃度など）を一定にし，維持・増殖を目的としている存在（適応）である．したがって，行動の出現制御もその一環でとらえられるとして組み立てられた一連のモデルがある．図1にその一つを示してある．内部環境に対するセットポイントが存在し，実際の内部・外部環境との差が行動発現の原動力（動機づけ）となり，行動が出現し，その結果がセットポイントと実際の環境との差を補正するというものである．護身，摂食および飲水といった行動は，それぞれ体温，血糖レベル，水分量の変動に対応して出現するようにみえ，モデルがよく適合する．しかし，探査行動，敵対行動あるいは性行動といった行動については，セットポイントは不明であり，動機づけの形成要因をこれだけに帰するには無理がある．また，適合するようにみえる行動においても，実際はそれほど単純ではない．血糖レベルに影響しないサッカリンに嗜好を示したり，新奇な餌に対しては満腹時さえも反応したり，外部刺激に大きく影響される．また，外敵の多い環境ではこれらの行動が抑制され，環境の影響も受ける．さらに重要な点は，十分量の餌をチューブで胃内に注入しても，摂食行動を止めることはできず，セットポイントとの差の解消だけでは行動は停止しない．

b. ローレンツモデル

動物行動学の基礎を築いたコンラート・ローレンツ（K. Lorenz）は，内的に仕組まれた動機づけを強調した心理・水力学モデルを提唱した（図2）．動機はセットポイントとの差なども含む内外からの刺激，ホルモンの変動や中枢の自発的興奮といったものからつくられ，エネルギーのように時間とともに溜まり，適切な刺激（鍵刺激）のもとで，行動として出現するというものである．そして，行動の出現それ自体が動機づけのレベルを低めるという概念である．一般に，行動は探索を中心とした欲求行動と目的と直結する完了行動がセットで出現するが，それらの関係も樋の各出口から流れ落ちる水として表現されている．タンクに水が十分に溜まった場合には，適切な刺激がなくとも，軽いおもり，すなわち類似の刺激でも流れ出し，さらには自重でもって流れうることも表されている．すなわち，動機づけの高まりとともに，刺激は鍵といわれるほどの厳密さは低下し，さまざまなものに行動が向けられたり，ついには刺激もないのに行動だけが出現することにもなる（真空行動）．このモデルでは，内因的な動機づけが強調されすぎている．

c. 統合モデル

ホメオスタシスモデルの最大の弱点である，動機づけに及ぼす行動出現それ自体の効果の説明不足と，ローレンツモデルの最大の弱点である，動機づけに及ぼす機能的結果の効果の説明不足を取り入れ，ヒューズとダンカン（B. Hughes & I. Duncan）が統合モデルを作成している（図3）．それぞれの特徴の単なる統合であり，新たな概念をつけ加えたモデルではないので，説明は省く．

1.2.2 感覚器官と認知

モデルでも明らかなように，外部からの刺激・情報は行動出現の引き金となっている．そして，刺激・情報とは環境そのものではなく，動物自体によって知覚される主観的なものといえる．動物は感覚器お

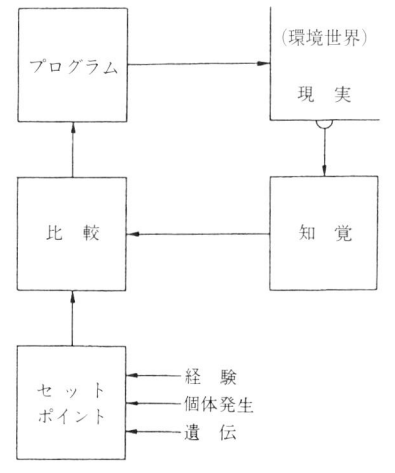

図1　行動出現機構に関するホメオスタシスモデル

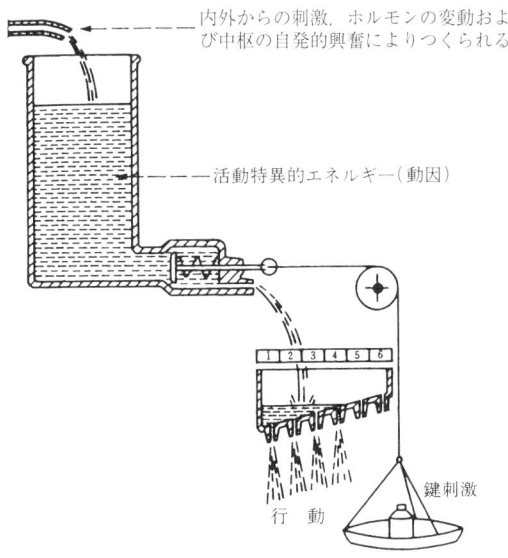

図2 ローレンツの考えた行動出現の機構モデル

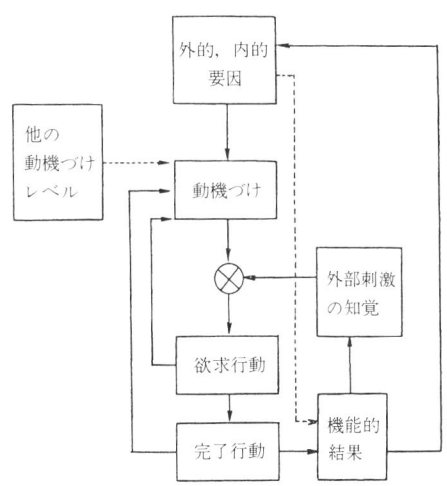

図3 行動出現機構に関するヒューズとダンカンの統合モデル

よび中枢の能力の制限のもとで，独自の環境世界を形成している．したがって，それらの能力を知り，各動物の環境世界を類推することは，行動を理解する上での重要な基礎となる．外部刺激・情報収集法として，視覚，聴覚，嗅覚，味覚，触覚，温冷感覚，痛覚などがあるが，前4者に比べて，残りの感覚についての知見は多くはない．

① 視　覚：明度視覚，色覚（スペクトル視覚），視力および視野の問題が含まれる．網膜には杆状体および錐状体という2種の光受容器がある．杆状体の光色素ロドプシンは，太陽光の中でもっとも光量の多い500 nm光を最大吸収することから，低い照度でも反応する．それに対し，錐状体の光色素イオドプシンはヒトの場合3種からなり，それぞれ440 nm（青），535 nm（緑）および565 nm（黄）付近に最大吸収特性をもち，それ以外の周波数にもたがいに重複して反応し，総体としてすべてのスペクトルに対応できるようになっている．動物の網膜の光受容器は主として杆状体からなり，錐状体のほとんどは網膜中心野に存在する．錐状体は個々に中枢へ投射されるため解像力が高いが，杆状体は数個がまとまって中枢へ投射され，解像度は低い．さらに，ウマや反芻動物には網膜の内側の脈絡膜上に光輝壁紙（タペタム）という金属光沢の組織があり，光を反射することで識別力を高めている．このように，家畜の視覚は解像よりも感度を重視した構造になっているといえる．しかし，ウシやウマでは短波

長のスペクトルに対する識別は弱いものの，どの動物も識別実験の結果からは色を区別している．ニワトリの網膜の光受容器は錐状体からなり，高い照度でのみ機能する．ニワトリには学習によらない色嗜好（紫，橙）もみられる．ヒツジやウシの視力はヒトの視力測定法に準じて測定すると，0.04～0.2であるが，視神経細胞の密度からは0.2～0.3と推定され，動いているものに対しては解像度が増す可能性もある．視野は草食動物の場合，眼が側方にありしかも瞳孔は横長のため広く,ほとんど死角がないが，複眼視野は40～60度ときわめて狭く，距離感が悪い．近年のヒツジの研究からは，側頭葉に顔に特異的に反応する細胞の存在が知られ，それらはさらに角をもつ顔，仲間の顔およびヒトやイヌの顔にそれぞれ反応する細胞として分類されている．すなわち，情報は，視覚的に同様なものがまとまって認知されているのではなく，心理的に同様なものがまとまって処理されていることが脳生理的にも証明されたといえる．顔の中では角や眼と輪郭が，全体では横顔や背面より正面が，あるいは静止や退避よりも接近が，より刺激的であることも脳の反応として明らかにされている．

② 聴　覚：音の感受と音源の定位の問題が含まれる．動物に音と報酬を連合学習させ，徐々に音を低くし，反応が半数になる音の強さを測定し，さまざまな周波数で繰り返した結果を図示したものを聴力図という．いずれの動物ももっとも感受的な周波

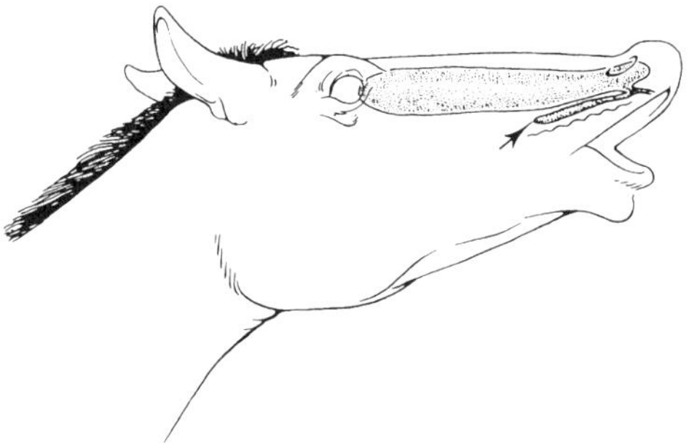

6　1. 応用動物行動学の概念

図4 ウマにおける鋤鼻器の位置とフレーメン
(Houpt & Wolski, 1982)

数域はヒトよりも高く，さらにヒトに聞こえない高周波数も聞くことができる．高周波数の音は音源定位が容易であり，その利用が考えられる．しかし定位は視覚と同時に行われるため，音源定位能力と最良視覚域との関係は深い．一般に，網膜の最良視覚域が狭い動物では音源定位能力も高く，広い動物では低い．鳥類では10 kHz以上の音を聞くことはできないし，最低可聴音圧も高い．

③ 嗅　覚：二つのシステム，嗅覚系（嗅覚器→主嗅球→大脳皮質）と鋤鼻系（鋤鼻器→副嗅球→視床下部）からなる（従来は前者を主嗅覚系，後者を副嗅覚系とも呼んでいた）．嗅覚器は鼻腔後方に，鋤鼻器は口腔と鼻腔を連絡する切歯管の中央から口蓋の中へ，盲管として存在する（図4）．嗅覚系では，おもに餌や捕食者などのニオイ，すなわち認知を経て利用されるニオイを，鋤鼻系では性行動時や母子行動時のほか，新奇なニオイ刺激などの，化学物質の微妙な違いを検知している．マウスではプライマーフェロモンの受容は主として鋤鼻系で行われている．有蹄類でみられるフレーメンは，鋤鼻器へ液体や気体を入れる動作といわれる．しかし，哺乳類のプライマーフェロモンについては現在までのところ内分泌の変化まで証明された確たるものは存在しない．リリーサーフェロモンの受容は哺乳類ではほとんどが嗅覚系で行われている．ウシでは後躯体表面（皮脂線）からのメスの発情臭，頸管粘液や膣粘液からの乗駕誘発物質，尿中の警報物質などの存在が示唆されている．ブタも嗅覚はよく発達しており，オスの唾液および尿中に存在するメスの誘引と不動姿勢を起こすリリーサーフェロモンが同定されている．

④ 味　覚：舌面にある味蕾乳頭および軟口蓋や喉頭蓋の粘膜上皮に味覚の終末器官である味蕾が存在する．味蕾は化学物質によって脱分極し，インパルスを発生させるが，それぞれの味蕾は数本の味神経と接続し，1本の神経繊維も数個の味蕾に入り込み，1基本味に対応するものではない．味覚神経は延髄を通り視床に入り，大脳皮質の味覚野に伝えられ味が知覚される．一般に，甘味（糖）やうま味（アミノ酸や核酸）は栄養源に関与した味として好まれ，酸味，苦味，塩味は高濃度で細胞に損傷を与える味として嫌われる．味に対する反応性は動物種間で大きく異なり，ヤギのようなブラウザー（browser）では苦味に対する拒否程度は低くなる．反応性は個体差も認められ，経験による影響も知られる．

1.2.3　脳と神経伝達物質

脳は行動出現の中枢機構であるが，脳内神経伝達物質や末梢ホルモンはその稼働や形成に大きく関与する物質として重要である．

中枢神経系は，大きく前脳，中脳，菱脳および脊髄からなる．それぞれ感覚器に対応して発達したものであり，前脳では嗅覚の，中脳では視覚の，菱脳では平衡と聴覚の情報が入力・処理され，多くの脳部位へ投射している．前脳はさらに前方の大脳半球を含む終脳と後方の間脳に大別される．終脳の縁の部分には，系統発生的に古い辺縁系があり，そこは摂取行動や護身行動などの自律的な機能の中枢となっており，大脳皮質，間脳，中脳と連絡している．とくに，末梢ホルモン産生の中心である下垂体を制御する間脳の視床下部との関連はもっとも重要である．終脳，中脳および視床腹部の内側部にある基底核といわれる神経核集合体（尾状核，被殻，淡蒼球など）は，体性運動活動に大きく関与している．約8割のドーパミンがここに局在しており，この部位の失宜は舞踏病やパーキンソン病などの異常な運動をもたらす．脳幹中心部で延髄から中脳を通り視床の前端まで広がる脳幹網様体は，脊髄から感覚入力を受けるとともに，小脳や新皮質からも広範に入力を受け，中枢神経系の一般的覚醒状態（睡眠と覚醒）を制御している．

神経系における情報伝達は特徴的である．まず，何らかの化学物質に反応したニューロンは，Na^+，Cl^-，K^+，Ca^{2+}イオンの膜透過性を変化させ，電気インパルスを発生する．次に，その電気的変化はシナプス前ニューロンからの神経伝達物質放出を起こす．そして，その伝達物質の拡散はシナプス後ニューロンを刺激し，電気的変化をもたらし，情報が伝達されるというものである．しかも，個々の型のニューロンは一つの伝達物質しか利用せず，一定の伝

達物質と関係のあるニューロンは集団を作り，他と分離した経路・投射部位をもつ場合が多い．したがって，神経伝達物質に関する知見は，さまざまな行動を分類する上でも，行動を制御する上でも重要な側面となっている．

神経伝達物質は，アセチルコリン，活性アミン，アミノ酸およびニューロペプチドに大別される．アセチルコリンは脳内に広く散在するが，大脳皮質，視床および前脳基底部の諸核で最高濃度を示す．運動ニューロンのほか，記憶，動機づけ，知覚，認知関連のニューロンにも関与している．活性アミンとして，ドーパミン，ノルアドレナリン，セロトニン，ヒスタミンがある．ドーパミンの主要経路は黒質線条体路，中脳辺縁路，隆起下垂体路である．集約畜産下の家畜で起こる常同行動にはドーパミンが関与している可能性が示唆されている．また，中脳辺縁路は報酬系や正の強化にかかわる快の情動回路と考えられている．ノルアドレナリンは小脳直下にある橋および延髄に集中する．これらから，脊髄，小脳，視床下部，視床および終脳へ投射がある．覚醒との関連，摂食との関連がみられる．セロトニンは，脳幹正中線に沿って集中する．視床下部，辺縁系，新皮質および脊髄へ投射がある．セロトニンには，抗不安効果や睡眠効果があることが示唆されている．ヒスタミンは視床下部に集中している．一般的な細胞構成成分であるアミノ酸も神経伝達物質として利用されている．γ-アミノ酪酸（GABA）は抑制性伝達物質であり，シナプス前抑制を起こす．グルタミン酸は，脳内の75％の興奮を制御する伝達物質である．グリシンは，脊髄での抑制性伝達物質であるが，脳内では興奮性効果をもつ．ニューロペプチドとしては60種以上が報告されてきている．末梢作用と中枢神経作用の両方をもつものが多く，摂食，性行動，学習・記憶，睡眠・覚醒，情動，ストレス反応など生命の維持に欠かすことのできない機能に深くかかわっていることが明らかにされつつある．エンドルフィンとエンケファリンに関する知見は多い．これらはオピエイト受容体（モルヒネを結合する）に結合するペプチドという意味で，オピオイドペプチドと命名されている．エンケファリンは脳内のいたるところでつくられており，もっとも活性の高いβ-エンドルフィンは視床下部底部，下垂体でつくられ，視床下部や橋に投射する．痛みの神経機序にかかわっている．摂食を促進する働きがあるニューロペプチドとしては，ニューロペプチド Y，アグーチ関連タンパク，メラニン凝集ホルモン，オレキシンなどがある．摂食抑制には副腎皮質刺激ホルモン放出ホルモン（CRH），プロオピオメラノコルチン，ニューロメジン U，プロラクチン放出ペプチドなどが関与している．CRH は上記の摂食抑制以外にも，ストレス反応における主要な内分泌反応である視床下部-下垂体-副腎皮質系の活性化や交感神経系の活動上昇を脳内で制御しており，ストレス反応の主要な脳内メディエーターと考えられている．下垂体後葉から末梢血中へ分泌され，メスの分娩や射乳反射にかかわるオキシトシンには視床下部から脳内への投射もあり，母性行動や社会行動にかかわっていると考えられている．また，オキシトシンときわめて近縁なアルギニンバソプレシンは末梢では抗利尿作用をもつが，ハタネズミの一夫一婦制と一夫多妻制の異なる亜種間でアルギニンバソプレシン 1 型受容体の脳内分布が異なることが明らかとなっている．

末梢ホルモン，とくに性ステロイドホルモンは，効果器の形成や感覚器の感受性の制御といった実行器官への効果以外に脳に核内受容体が存在し，形成作用（胎子期・新生子期の発達段階での臨界期に作用して脳の神経回路の性差などを分化誘導），活性作用（性成熟期における性行動の誘起や性腺刺激ホルモン放出ホルモンなどの分泌調節），および保護作用（性成熟期・老年期における認知機能維持など）をもたらす．脳の性分化は臨界期と呼ばれる周生期の一定期間に性腺から分泌される性ステロイドホルモンに依存して起こる．ラットでは脳内の芳香化酵素によってテストステロンから転換したエストロジェンが脳を脱雌性化すると考えられている．エストロジェンはこの時期，血中に存在するアルファフェトタンパクと強く結合し，脳内受容体への結合が阻止されている．活性作用に関しては，エストロジェンは求愛行動，不動姿勢および母性行動を引き起こし，プロジェステロンの多量投与はそれらを抑える．母性行動はプロラクチンによっても助長される．テストステロンは中枢でエストラジオールに変換されて雄性性行動や攻撃行動を助長し，回避行動を抑制する．保護作用の作用機序の詳細は明らかではないが性ステロイドホルモンが認知，記憶など脳の高次機能の維持に重要な役割を果たしていることが明らかになりつつある．脳虚血後の細胞死の抑制，ヒトの閉経後のアルツハイマー病の増加とホルモン補充療法によるその抑制など，変性疾患からの神経細胞の保護作用が近年大きな注目を集めている．

1.3 学習ならびに行動発達

　個々の動物を取り巻く環境はそれぞれ異なり，また環境自体も刻々と変化するものである．動物が示すさまざまな行動は，その種が生活の場としてきた環境の中で進化しプログラムされてきたものとはいえ，決して固定的なものではない．ちなみに，個体差が顕著な行動は環境の影響を強く受ける一方，個体差が小さな行動は飼育環境の影響をほとんど受けないといえる．

　目的をもっとも効果的に達成するために，現実の移ろいやすい環境に対して，固有の行動形式を部分的に修正し対処する能力を動物は有している．そうした能力もまた，環境に対する適応性を高めるべく進化の過程で獲得されてきたものである．

　人為選択の過程において動物がそうした適応能力を備えていたことはとりわけ重要である．動物は発達の初期に出会った環境において，一生にも及ぶ永続的な行動特性を獲得する．異種の動物であるヒトに対しても社会化しうるという柔軟性は飼育動物にとって人為的な管理下で支障なく生活していくためには不可欠の能力であろう．

　また，発達は連続した過程であり，動物は経験によって行動を適応的に変化させ，獲得した行動様式を比較的長期にわたって保持しつづける能力をもっている．この学習と呼ばれる能力を備えているからこそ，飼育動物は古今のきわめて多様な管理形態の中でも一定の利用目的に対応しつづけてこられたのであろう．

　以下では，動物にみられるこれらの現実対応的な行動の修正の能力について，初期環境と学習に分けて具体例をまじえて紹介する．

1.3.1 初期環境

　動物の一生の中で，発達の初期段階は，その後の行動に及ぼす影響という点からみてきわめて特異な時期とすることができる．この時期の特異性をもっともダイナミックに示す例として「刷り込み（インプリンティング）」があげられる．刷り込みとはニワトリやアヒルなど，かなり成熟した状態で孵化する離巣性の鳥類が，孵化直後に出合った自身より大きな動く対象に追従し，成長後はその対象と同種の個体を性行動の相手として選択する現象をいう．刷り込みは，とくに，生後の一定期間にしか生じないこと（臨界期），無報酬性であること，一度できあがってしまうと消去されにくいこと（不可逆性），性成熟後に性行動の相手の選択という形で再び出現しうること，などの点で一般的な学習とは異なる現象であるとされている．自然環境下では親を対象に刷り込みが行われる可能性がもっとも高い．親に追従することは雛の生存上，欠くことのできない行動であるし，同種の相手を性行動の対象として選択しなければ生殖の成功はおぼつかない．

　ニワトリ以外の動物でも刷り込みとよく似た永続的かつ不可逆的な行動の変容は認められる．発達初期の段階でヒトとの濃密な交流を経験した個体は，そうでない個体に比べ成熟後ヒトに対して明らかに異なる行動特性を示すようになる．家畜ではヤギ，ヒツジにおいてとくに明らかであることが経験的に知られている．またこういった現象はイヌに関してよく研究されている．イヌでは発達初期の特定の時期（感受期）にのみヒトに対する社会化が生じ，その時期にヒトとの交流をもった個体のみがヒトの存在を受容しうると報告されている．感受期は発育途中の動物が環境変化によって社会関係が不安定になったとき，関係の再構築が起こる時期のことをいう．イヌ以外の家畜における他種動物への社会化の感受期は明確ではないが，一般的に出生直後と離乳時と考えられている．また，初期環境は社会行動以外の行動にも永続的な影響を及ぼす．たとえば，止まり木のない環境で育てられたニワトリは，産卵期に入ってもパーチング（止まり木止まり）行動を示さない個体が多い．また成長後の個体の食餌に対する嗜好性が，幼獣の時期に何を摂取していたかに強い影響を受けることも知られている．また，知覚や社会性の健全な発達，成熟後の正常行動の健全な発現のためには，初期環境は重要な期間である．これまでにも，初期環境における物理的飼育環境の多様化が，動物の学習能力や記憶容量に影響し，動物の取り扱いを容易にすることが示唆されている．

　このような初期環境は，その個体の後の行動に永続的な影響を及ぼす場合が多い．この現象は，いわば広範な行動発現の可能性をもって生まれてきた個体が，生まれ落ちた環境に自らを合わせ，そこで必要とされる行動を現実に発達させていく過程ともとらえることができる．

1.3.2 学　　　習

a. 慣　れ

動物は新奇で危害が自身に及びそうな刺激に対しては，とりあえず回避しようとする行動を示す場合が多い．しかし刺激が何回も反復され，しかも痛みなど直接的な影響がない場合，その刺激は意味を失い，動物はその刺激に対して反応を示さなくなる．この現象は慣れと呼ばれる．行動にみられる慣れの現象は疲労や感覚順応とは異なり，刺激の質が変化すれば再び回避行動は誘起され，刺激の反復→無反応の過程が繰り返される．動物を取り巻く環境は無害な刺激に満ちあふれている．そういった刺激に対する不必要な反応を減らすことは個体にとって適応的なことといえよう．

慣れの現象は動物の日常生活の諸相で種々認められる．一方，この現象を積極的に利用することで飼養目的にかなった生産性を確保しようとする試みもなされている．未経産牛を出産前にあらかじめミルキングパーラーに連れていき場所や装置に慣らすことは，搾乳初期に生じうる無用なトラブルを回避し生産性の低下を未然に防止することにつながる．また競走馬を，出走予定の競馬場に前もって連れていきその場所に慣らすスクーリングという操作は，競走当日のストレスを減らし，競走能力を十分発揮させるという有効性があるとされている．

b. 条件づけ

特定の刺激とある事象（報酬，罰など）とが関連性をもつ場合，動物はその刺激と事象との関連性を学習し，以後刺激が呈示されるだけで特定の反応や行動を示すようになる．この現象は条件づけと呼ばれる．条件づけは動物の学習研究の主要な概念となっており，初期にはイヌを，後にはラットやハトをおもに用いて詳細な研究が行われてきている．この概念は動物の行動を理解するためにも必要と思われるので，用語も含めて解説する．

条件づけは一般に古典的条件づけとオペラント条件づけとに分けられる．イヌにベルの音とともに肉を与える．この操作を何回か繰り返すとイヌはベルの音を聞くだけで唾液を分泌するようになる．この現象はパブロフ（I. P. Pavlov）が最初に発見したものだが，このタイプの現象が古典的条件づけと呼ばれるものである．ここでイヌに肉を与えることを無条件刺激，肉を食べたり見たりして唾液の分泌が起こることを無条件反射，ベルの音を条件刺激，ベルの音だけを聞いて唾液を分泌することを条件反射という．また条件反射が成立した後に無条件刺激を中止し条件刺激のみを与えつづけると，やがて条件反射は消失する．この現象は消去と呼ばれる．古典的条件づけはレスポンデント条件づけとも呼ばれる．ウシではミルキングパーラーに入ったとき，搾乳が始まる前から乳汁の漏出がみられる場合がある．ミルキングパーラーでの搾乳が繰り返されたことにより，ミルキングパーラーへの導入という刺激がその個体のオキシトシンの分泌を促し，その結果乳汁の漏出がみられるものだが，この現象はまさに古典的条件づけにおける条件反射の成立とすることができる．なお，古典的条件づけによる学習成立には，条件刺激と無条件刺激の提示のタイミング（同時提示，遅延提示など），条件づけの試行間隔，強化スケジュール，提示する刺激の強度や類似性が大きく影響する．

一方，オペラント条件づけとは，行動が生起した直後の環境変化によってその行動頻度が変容する現象を指すもので，スキナー（B. F. Skinner）によってはじめて用いられた概念である．レバーを押すと餌の出てくる装置のついた箱に入れられたラットはほどなくしてその関係を学習し，レバーを間断なく押すようになる．この場合，環境の変化により変容した行動，すなわち，ラットがレバーを押す行動をオペラント行動，レバー押しの結果出てくる報酬となる餌を正の強化子と呼ぶ．また電撃ショックなどの嫌悪的な刺激（罰）を回避するように条件づけを行う場合もあるが，この場合の刺激は負の強化子と呼ばれる．オペラント条件づけは，行動が報酬を獲得したり罰を回避するための道具としての機能を果たす点で道具的条件づけと呼ばれることもある．家畜がウォーターカップのレバーを鼻で押して飲水する行動や，ウシを搾乳室へ追い込む際の電気カーテンが，数回の経験によりカーテンの動きだけでウシに移動を開始させるようになる現象などはオペラント条件づけによって成立している．また使役犬や馬場馬術用のウマの調教など家畜に対する多くの訓練はオペラント条件づけの積み重ねともいえる．家畜の場合，餌の他にも一緒に遊んでやる行為，ブラッシングなども正の強化子としての役割を果たすことがある．一方，負の強化子を用いることで異常行動を除去できる場合もある．ただし異常行動の発現は，不適切環境に対する適応行動の表れであるという考え方もある．したがって，異常行動の除去を試みるときは，単に負の強化子だけを用いるだけでなく，その個体がおかれた環境のどのような要素が，その個体にとって不適切なのかについて，その飼育環境

の本質を探ることも重要である．

また無駄吠えやしつけた場所以外での排泄など，飼い主にとって不適切な行動（問題行動ともいわれている）をイヌがするとき，負の強化子である嫌悪刺激を与えつづけるべきではない．連続的な嫌悪刺激が回避されない状態が続くと，動物に学習性の絶望感（学習性無気力症）を起こさせ，その学習が困難となる．このような場合は，問題となる行動の発現時に負の強化子を提示せず，代替となる他の行動発現時に正の強化子を提示するといった他行動分化強化を一連の学習の中に取り入れることが鍵となる．

c. 弁別学習

2種類以上の刺激の弁別が求められるような課題の学習を指し，古典的条件づけ，オペラント条件づけのいずれでも行われる．実験条件下では明暗，図形，音，色などを用いた弁別学習実験が種々の角度から行われてきている．飼育動物にもさまざまな情況下で弁別学習の能力を認めることができる．たとえば，複数の同種個体の中から親子がたがいを識別しあうこと，優位個体と劣位個体が識別しあうことなどは日常的に観察される．また家畜に食餌，気温，光，日長，湿度などの好適条件を選択させる実験は動物のもつ弁別能力を利用したものといえる．

d. 模倣学習

ある種の動物では特定の個体が学習により獲得した行動様式が，他個体によって観察され模倣されることで伝播するという現象が認められる．この現象は模倣学習と呼ばれる．自然環境下でもっともよく知られている例として，宮崎県幸島におけるニホンザルのイモ洗い行動があげられる．あるとき1頭のニホンザルが餌づけのために置かれたイモを海水で洗って食べるという行動を学習したが，その行動は群のメンバー，とくに若齢の個体に急速に広がった．

家畜の模倣学習については，数か月前に母ウシのヘイキューブ摂食行動を観察した子ウシは，観察しなかった子ウシに比べ初めてのヘイキューブ給餌に対し，長く摂食するとした報告がある．また，ある種の行動，とくに異常行動が模倣学習によるとされる場合もある．たとえば，ブタの柵かじりは模倣により伝播するとされている．一方，子ヒツジにおいてヒトに対する接近距離は母ヒツジのヒトに対する馴致の度合いの影響は受けないことも認められている．

他個体の存在により，摂食時間が長くなったり，摂食量が増加したりすることがある．この現象は社会的促進と呼ばれるもので，模倣学習とは異なる．

e. 潜在学習

学習により獲得された行動が直接表現されずに潜在的である場合に潜在学習と呼ばれる．動物を報酬のない迷路に一定期間置いた後，報酬を伴う迷路学習をさせると，無経験の個体に比べて学習の成立がすみやかとなる場合がある．このとき，動物は迷路を潜在学習していたとする．新奇な環境におかれた動物はさかんに環境に対する探査行動を示すが，そうした行動の発現は潜在学習の成立という点でも適応的であると推測される．

2. 行動調査の方法

本書は飼育動物の行動単位を明示する目的で編まれた図版集であり，研究・調査法について解説するものではない．しかしながら，飼育動物の行動単位を明確に定義するとは，行動研究の測るべき基礎を明らかにすることであり，その意味で研究調査法とは不離不則の関係にある．そこで本章では，動物の行動の調査法について現在一般に使われている用語や手法を整理し，その概要を簡潔に紹介し参考としたい．

なお，行動研究の調査法の細部については，2.4.8項にあげる文献を参考にしてほしい．

2.1 行動調査の記載方法

2.1.1 行動の表現用語

行動を調査する場合，本書では「行動単位」として，「適応的意義をもつ一連の動作」のつながりを研究対象の単位としている．実際に現在行われている動物行動の研究は本書のように「行動単位」といった適応的意義を重視した単位によらず，「状態」や「動作」，およびそれらの積み上げをもとにしたレベルを対象にしたものも見受けられる．そこで，ここでは一般的な行動調査の用語を英語の用語と対照させながら紹介し解説する．なお，参考にした文献は以下の2冊である．

① J.F.Hurnik, A.B.Webster and P.B.Siegel：Dictionary of Farm Animal Behavior. Univ. of Guelph, Guelph, 1985.
② K.Immelmann and C.Beer：A Dictionary of Ethology. Harvard Univ. Press, Cambridge, 1989.

a．**行動状態**（behavioural state）
ある時点における行動によって決定される器官の行動的な状態．「動いている−止まっている」，「立っている−座っている」，など．

b．**行動事象**（behavioural event）
特定の行動状態におけるある一つの動作．通常，ある状態のはじまりと終わりによって定義される．たとえば，動物の「攻撃」は相手を直視する状態から実際に打撃を与えた状態までをいう．

c．**行動活動**（behavioural action）
観察しうる行動状態もしくは行動事象をいう．

d．**行動分節**（behavioural segment）
行動活動の任意に定義された部分をいう．摂食は，くわえこみ，咀嚼，嚥下などの動作・状態で定義され，咀嚼，嚥下もまたそれぞれ任意に定義されうる．

e．**行動連鎖**（behavioural sequence）
ある時間内に連続して起きる複数の行動分節．

f．**行動型**（behavioural pattern）
特別な役割をもつ行動活動の組織化された連鎖．摂食行動様式（eating pattern），空間分布行動様式（spatial pattern）など．

2.1.2 行動記載法

動物のある個体，品種，種がある条件下で行う行動を調査する場合，以下の二つの記載法がある．

a．**行動のレパートリー**（behavioural repertoire）
動物のある個体，品種もしくは種により示された行動活動の全範囲のことであり，たとえば，「飼槽前におけるある個体（品種，種）の行動のレパートリーをつくる」とは観察された行動活動をすべて記録していくことである．

b．**エソグラム**（ethogram）
「エソグラムをつくる」とは，あらかじめ記述された行動リスト（behavioural inventory）に従い観

察された行動を記録することであり，行動リストとは動物のある個体，品種もしくは種に行われた記述された行動活動の範囲からなるリストのことをいう．たとえば，「飼槽前のある個体の行動のエソグラムをつくる」とは，観察前に飼槽前で起こりうる行動のリストを，たとえば本書の行動単位などをもとに作成しておき，観察はこのリストに記載された行動が観察されたか否かを記録することにより行うことになる．ゆえに各行動単位もそのもののみではなく，たとえば，ある行動単位を，それを構成する欲求行動（appetitive behaviour），完了行動（consummatory behaviour），後行動（refractory behaviour）に分けておき記録する場合もある．

調査の目的により，行動のレパートリーをつくる方法とエソグラムによる方法とは使い分けられよう．同じ状況下の行動を観察しても，研究者により行動のレパートリーは一致しない可能性はある．一方，エソグラムは行動リストが一般化していれば発現頻度によって内容は変わるが，研究者により異なることはない．

行動を記載する際に，観察者の主観が入り込むことは極力避けるべきである．その点で，エソグラムを用いる方法は観察者の主観が入りにくいといえるが，観察前の観察者の先入観がエソグラム自体に影響を与える場合がある．行動のレパートリーを記載する場合も，エソグラムをつくってから観察する場合も，同じ行動を観察者が別々のカテゴリーに分けて記載してしまうこともあるが，これらも観察結果を混乱させる原因になる．これらはいずれもデータの誤差を生む原因となる．

2.1.3 調査法のデザイン

行動を調査する場合，一般には以下の三つの方法が研究自体のデザインおよびデータの記載方法として使われる．

a．著述的方法

おもな目的は動物の個体，品種もしくは種の行動レパートリーについての情報を集めるためである．一定時間内にあらかじめ決めた観察法，サンプリング法に従い，発現した行動を精密に描写することによる．この方法によって，詳しいエソグラムをつくることができる．たとえば，分娩直後の母子行動にはどのようなものがあるかを知る目的で研究する場合は，分娩後それぞれの行動を連続して観察し，発現する行動をすべて著述し，その行動リストをつくって研究する．

b．分析的・説明的方法

ある特別な行動の原因と機能を示す，もしくはさまざまな行動間の関係を示すのに必要な情報を集めるために使われる方法である．したがって，データサンプリングは選択された行動についてエソグラムをつくっておき，それに従って記録することが多い．日の出・日没時間と放牧家畜の摂取行動の関係や放牧家畜の休息時間帯と場所，そのときの環境温度からそれぞれの関係を研究する場合などに使われ，各時間帯ごとに摂食行動のエソグラムをつくり，それぞれの関係を検討することによる．

c．修正・操作的方法

環境条件を操作して，動物の行動レパートリーを修正変化させ，もともとの行動の意義を実証するために行う方法である．いわゆる実験処理を加える形の行動調査法である．動物にとっての適切な飼養面積や群構成頭数を査定したりする場合にその例がみられる．たとえば，1頭当たりの飼養面積を十分に広いレベルから徐々に減少させていき，各条件下である行動レパートリーの変化から，その環境条件と動物の行動との関係を考察する方法である．個体維持行動（摂取行動や休息行動の時間や頻度）や社会行動の各行動単位からエソグラムを作成して各行動単位の発現率の違いから検討することもできる．また，哺乳時にヒトが定期的に接触した幼齢個体とあまり接触しない幼齢個体を用意しておき，成長後の行動の違いを各行動のエソグラムの比較から検討したりする研究もこの方法による．

2.1.4 計測の単位

行動を測定する場合，測定の単位としての尺度について触れておきたい．一般に，行動研究では通常の研究手法とは異なる尺度を使うことがある．ものの表現の尺度としては，以下の4尺度がある．

a．名義尺度

名義尺度（または分類尺度ともいう）とは名前のようなもので，名義を表現する数字である．個体番号1，3，16などは，それぞれ3は1の3倍とか1番と3番の差は3番と5番の差と等しいなどの意味はない．また1から16へと順に強くなるとか大きくなるとかいった方向性もない．行動研究では，ある行動を行った場合を1，行わなかったら0と記録する場合も多い．また行動に番号をつけ分類して記録することもある．たとえば，敵対行動において，闘争行動を1，頭突き・押しを2，威嚇・逃避を3，

回避を4などとする場合である．この場合，それらの値を平均して代表値とするのはまちがいで最頻値（モード）で代表させるべきである．また，気質の調査などでは，穏和な個体を1，やや穏和を2，やや荒いを3，荒い個体を4，非常に荒いを5などとカテゴリー分けして記録することがあるが，この場合は名義尺度とはいえ方向性があり，統計法として条件によっては次の順位尺度の統計法を応用することができる．いずれにせよこの尺度は個体の番号以外は名義のつけ方が問題になる．カテゴリー分け自体にすでに観察者の思惑が入り込むからである．

b. 順位尺度

順位尺度は，もっとも重いものからとか，もっとも強いものから，順に1，2，…と順番をつけて表現する尺度で，この尺度には方向性がある．ただし，順位の方向は観察者が任意につけるもので，上述の例であれば軽いものから，もしくは弱いものから，順に順位をつけてもその順位はまったく逆になるが意味は変わらない．名義尺度同様，その集団を平均値で代表させることはできず，中央値（メディアン）で代表させるべきである．ただし，反復試験の結果などで得られた個体の順位を平均順位で表現することはある．行動研究では順位尺度を使うことが多く，観察された行動と他の行動や要因との関係を順位相関などで分析している．

c. 間隔尺度

間隔尺度は単位をもつもので，cmとかkgをつけて表される．このとき，1℃と5℃の関係は91℃と95℃の関係と4℃の間隔があるという点において等しい．この尺度と次の比率尺度の数字は平均値で代表させることができ，一般の統計法（パラメトリック統計法）で解析しうる場合もある．

d. 比率尺度

比率尺度は原点0をもつ数字群で，いわゆる重さ・長さは比率尺度である．1cmと5cmの比率は単位がmmとなってもkmになっても変わらない．

2.2 データ収集法

ここでは実際の観察に当たっての，対象動物，対象行動および観察間隔について概説する．

2.2.1 対象動物

観察する対象動物の数量により以下の三つのデータ収集法がある．

a. 個体追跡法

群などからある1頭を選び，その個体の行動を追跡調査することにより行動のデータを収集する方法である（個体追跡サンプリング）．データの反復信頼性や一般化に問題はあるが，連続観察など精密な観察が可能で，行動のレパートリーなどを記録する方法として適している．一般に個体追跡法では後述の連続観察を行うことが多い．なお個体追跡法をデータ収集法として採用しても，たとえば，対象とする行動が社会行動や性行動であれば，対象個体のみならず，対象個体と社会的もしくは性的に遭遇した他個体についてもデータを収集することになる．この場合，対象以外の個体についてはやはり後述の不特定個体追跡といった範疇に入る．

b. 複数個体追跡法

この方法は単一個体では得られないような行動の記録，すなわち，群行動の様相や個体の行動の反復性に疑問がある場合などに使われる．後者の場合，群内の複数個体の各行動を一定間隔で記録する走査サンプリングとなる．飼育動物の場合はある一定数が「群」として囲い込まれている場合があるので，このうちの何頭かを対象個体にするグループ追跡法と群全体を追跡する全群観察法がある．群規模によって，またその他のデータ収集法によってどちらかを選ぶことになる．観察に割ける労力や観察法によるが，一般に観察対象個体数が増えるほどデータの反復性信頼度は高まり，逆に行動観察の精度は落ちる．

c. 不特定個体追跡法

この方法は上記の2方法と異なり，観察前に対象個体を決めず，他の条件により個体を記録する方法である．野生状態の動物の行動観察でおもに使われ観察時に観察できた動物の観察できた行動を記録する．また，その他に飼育下でも個体を特定せず，ある行動を特定しておき，その行動が観察されるごとにその個体の名前，時間などを記録する方法（行動サンプリング），ある時間帯や場所を特定して，同様にデータを収集する方法もある．さらに，いつ何を記録するか決めないで観察する方法（アドリブサンプリング）などもある．

2.2.2 対象行動

データとして記録する行動の範囲により以下の三つがある．

a. 単一の行動

観察対象をある特定の行動に限定し，その行動が発現するごとに，それに関するデータ（動作，時間，頻度，時刻など）を記録する方法．たとえば，ある個体，グループもしくは群の摂取行動のうち飲水行動のみを記録したり，性行動のうち交尾行動のみを記録したりする方法である．

b. 選択された行動

観察対象が行う行動のうち，状況や行動の分類で特定された行動のみを選択的に観察する方法である．たとえば，飼槽の周辺で起こる行動すべてとか，一日のうちで個体維持行動に関する行動，もしくは摂取行動や生殖行動に関する行動，などと選択して行うものである．あらかじめ行動リストに従いエソグラムをつくるなどの観察法はこの範疇に入るだろう．

c. すべての行動

一定時間内に起こるすべての行動を記録する方法．行動レパートリーをつくるためのデータ収集法などがこの範疇に入る．

2.2.3 観察間隔

実際の行動調査において，データを収集する時間間隔は大きく分けて二つある．一つは連続観察で，今一つは観察しない時間帯をおくタイムサンプリング観察である．

a. 連続観察

文字どおり，ある個体，グループもしくは群を間をおかず連続して観察する方法である．連続観察の期間は観察者によって決められるが，開始時点と終了時点および期間の長さについて十分検討しておく必要がある．もっとも長い連続観察は1ライフスパンを対象とするものであるが，多くの動物の場合不可能である．24時間を1単位とすることが多いが，この場合1日のどの時刻を開始時とするかが問題となる．行動は基本的な生命現象であるゆえ，厳密には生と死以外に切れ目はない．一般には日の出・日没時など日消長を基準としたり，飼育条件（給餌時刻，放牧開始時刻）などを基準としている．

b. タイムサンプリング観察

一定時間の間隔をおいて観察する方法をタイムサンプリング観察といい，データの種類により，また間隔の規則性により時点観察および時間帯観察，ランダム観察および一定間隔観察に分類できる．

① 時点観察および時間帯観察：時点観察とは，間隔をおいた，ある時点のその瞬間の行動を観察し，データを収集する方法（瞬間サンプリング）である．この場合，行動は行動状態を記録することになる．時間帯観察は一定の時間間隔をおいて設定した時間帯内で観察できるデータを収集する方法である．その時間内の行動レパートリーを作成する著述的観察やエソグラムなどの作成を意図した分析・説明的もしくは修正・操作的観察を行う．また，その時間内である行動が起こったかどうかを記録する1-0サンプリングという方法もある．時間帯観察では行動状態の他，行動活動や分節，連鎖など一連の行動を観察できる．

② ランダム観察，ランダム間隔観察および一定間隔観察：ランダム観察とは連続観察を行わないで，無作為な時間もしくは時間帯に行動のデータを収集する方法で，単一行動や選択された行動の観察など不定期に発現する行動の観察，および不特定個体の観察，および常時観察ができるとは限らない野生下の動物の観察ではこのような方法で行われる．ランダム間隔観察とは無作為な間隔をおいて観察する方法であり，一定間隔観察はあらかじめ決めた間隔により，時点もしくは時間帯を観察対象にする観察法である．一定間隔観察では秒，分，時間単位から日単位，月単位，年単位などが考えられる．

2.2.4 データの種類

行動に関するデータは大きく次の6種類がある．

a. 著述データ

行動のレパートリーを記録したときの基本データがこの形であり，数量を含まない．分類された一つ一つの行動や行動単位を記述していくことにより記録される．

b. 強さなど質的データ

気質の調査など，「荒い-おとなしい」などのデータや敵対行動において闘争行動の勝ち負けのデータなどがこの範疇に入る．これらのデータは一般に前もって予備試験などでエソグラムをつくっておき，行動のカテゴリー分けを行って，各カテゴリー別の頻度を記録するなどの記録法がとられる．カテゴリー分け自体は名義尺度であるが，前述のように順位尺度のような方向性をもつデータもある．これらの解析にはノンパラメトリックな方法を適用しなければならない．ただし，共分散分析の初期条件や多変量解析の従属変数の一つにダミー変数としてカテゴリー分けした尺度を応用することはある．

c. 頻度データ

ある行動が一定時間内に発現した回数や，群内で

ある行動状態を示す個体の数，勝敗の頻度などで示されるデータ．全回数や全頭数に対する割合でも示される．この範疇のデータは基本的に計数データであるので，やはりノンパラメトリックな解析法を応用すべきである．実際のデータの出現頻度から度数分布表をつくり，分布の形を検討して，どの解析法を用いるか検討すべきである．またデータを基準化して解析を行うなどの方法も使われている．

d. 順番に関するデータ

行動レパートリーやエソグラムのデータから，ある行動に引き続いて起こる行動の関係など，行動連鎖についてのデータである．この場合，どの順序で発現したかについて解析を行い，また生存曲線などで，発現する確率の変化などを解析する．

e. 長さに関するデータ

ある行動を行った時間（持続時間），ある時点からある行動がはじめて起こるまでの時間（潜時），ある行動を行おうとしてから実際に行うまでの時間，さらにある行動が発現してから次に発現するまでの時間など，経過時間の長さに関するデータと，個体間の距離やものと個体との距離など長さに関するデータである．一般に，パラメトリックな解析を行うことが可能であると考えられているが，度数分布表を作成し分布の形を確認すべきである．行動の経過時間をカテゴリー分けして分析に供する方法もある．

f. リズムに関するデータ

上記 a～e の五つから周期的に発現する行動の出現パターンなどのデータを得ることができる．ある時間帯における行動時間の割合や，ある時点における頻度（行動頻度もしくは頭数頻度）の割合などで表されることもある．これらパターンの有意性はランダムな分布に対する偏差や，周期の規則性で検討され，後者は自己相関や最適近似余弦式などが用いられている．

2.2.5 収集したデータの誤差

行動を観察した際に収集したデータは以下のような要因により誤差を生じうる．観察に際してはこの誤差が生じないよう，もしくは最小限に抑えるようにしなければならない．また，得られたデータが誤差を生じている可能性がある時は，それを理解した上で，解析すべきであろう．

a. 観察者の存在

直接観察を行い，観察者が動物を取り巻く環境の一部である場合は，観察者の存在自体が対象動物の行動に影響を与えている可能性がある．また間接観察を行った場合でも，観察機器が対象動物の感知される範囲内にある場合などは，やはりその影響を検討すべきである．

b. 観察者の先入観・偏見

著述的なデータを収集したり，強さなどの質的データを収集する際に生じる観察者自身の思い込み，主観などにより生じる誤差である．エソグラムを作成したり，計数データを収集する際には生じにくい．

c. 観察者の感知・理解度

ある行動が発現しているにもかかわらず，観察者がそれを感知できなかったり，理解できなかったりすることにより生じる誤差．やはり著述的データや質的データなどの収集時に多いが，頻度などもその行動を十分理解してないと収集時に誤差を生じることがある．

d. 観察者の信頼度

単一観察者における信頼度と複数の観察者間の信頼度がある．単一観察者における信頼度については，同じ行動を VTR などで繰り返し観察しデータ収集することにより，生じる誤差を抑えることができる．複数の観察者間の誤差は前もって観察対象の行動を全員で観察して同じ行動につきデータを収集して信頼度を高めていくべきであろう．また，それぞれのデータ間の相関をみることにより誤差の程度を知ることができる．

e. 記録のエラー

実際の観察のデータ収集時の記録の記入のまちがいや観察機器の故障・誤作動により生じる誤差．また観察項目が重複していたりすることにより生じる誤差．いわば物理的誤差であり，間接観察でテレメータやデータロガーを用いてデータ収集を行った場合など，この誤差が生じていること自体に気がつかないことがある．

f. コンピュータエラー

ハード面での誤差とソフト面での誤差がある．ハード面での誤差はコンピュータ自体の故障や誤作動により生じるもので上記の記録のエラーと等しい．ソフト面での誤差は記録，解析などのプログラム自体に誤りがあった場合に生じる誤差で，この誤差を生じる可能性があるときは，結果を他の方式で収集・解析したデータでモニターする必要があろう．

2.3 データ収集のための道具

行動記載法やデータ収集法は，どのような道具を用いるかによって制限を受ける．観察者の立場からいえば，何をどのように調査するのかによって，適切な機器を用いることが重要となる．観察者が求める機器が，入手可能な価格で必ずしも提供されているわけではない．そのため，動物行動の研究者は，さまざまな機器をそれぞれの目的に応じて工夫し改良を加えて用いている．ここでは，行動調査に用いられることのある，一般的な機器類について概説する．なお，観察時に常時観察者がいて観察者自身が記録する方法は直接観察，機器類による自動記録や録画によるものは間接観察と呼ぶ．

2.3.1 直接観察のための道具

a. 双眼鏡

放牧飼育されている動物や野生動物を肉眼によって直接観察する場合，観察者の存在の影響をなるべく減らすために，双眼鏡などを用いて観察対象の動物からある程度の距離をとったところから観察することが多い．しかし，起伏や立木など障害物が多い場合には，対象動物が死角に入って観察不能となったり，対象動物が急に走り出した場合に見失うなどの可能性もある．夜間には，赤外線スコープや暗視鏡を用いることによって補助光なしでも行動観察が可能である．

b. テレビカメラ

観察者の影響を排除するには，テレビカメラを設置してモニターテレビを通じて観察する方法がある．しかし，放牧された動物の場合には，限られた視野のカメラで広範囲の行動を観察するためには相当数のカメラを各所に配置する必要があり，実質的には不可能に近い．舎飼の場合やニワトリのケージ飼育のような場合にはかなり有効な道具であるが，死角をすべてなくすことは難しい．夜間には赤外線暗視カメラを用いれば，完全な暗闇の中でも十分に観察が可能である．視野の広さや距離の変更（ズームイン・アウト），方向の変更（パン・チルト）を遠隔操作できる方法は一般的である．いわゆるWebカメラシステムは，インターネット上で画像（音声）を送信したり，カメラ操作が可能となる．またこの仕組みは，インターネット上に設置されたカメラの画像データを自由に閲覧可能とすることで，カメラの多数設置およびカメラの共同利用と同じ機能を有する可能性があり，観察上，きわめて有効なシステムとなる．

c. マイク

行動観察では，画像の方が音よりも優れていることから，音響を単独でモニタリングに利用することは少ない．ただし，小型化，高い指向性，遮蔽物があっても壁面に伝わる音の収集など，特殊マイク利用によりモニタリングの幅が広がる可能性はある．

d. イベントレコーダ

コンピュータのキーボードの各キーとあらかじめ設定しておいた行動単位とを対応させて観察された行動を直接入力する機器が開発されており，イベントレコーダと呼ばれている．この方法では，多くの情報を長時間記録でき，またデータが直接コンピュータに記録されるので，分析の際の転記ミスなどの誤りが防げる．

2.3.2 間接観察のための道具

a. 画像記録装置

直接観察の場合には，観察時にデータがとれる反面，再現性がない．画像記録装置を用いることによって，その問題が解決でき，また見逃しがちな継続時間の短い行動も失われることがなく，さらに再生速度を変えて解析できるなどの利点がある．しかし，録画時における問題点は，直接観察におけるテレビカメラの利用と同様である．また録画画像を肉眼で解析するには，連続観察データが必要な場合においては一般に録画時間よりもさらに長時間が必要となる．

画像信号をテープに記録する，いわゆる VTR（video tape recorder）は，音声部分のみのデジタル信号化を経て，画像記録もデジタル信号化に変化した．さらに記録媒体がテープから，コンピュータで扱いやすいハードディスク，フラッシュメモリなどに保存する方法が一般的となった．単位画像記録時間あたりの必要容量低下や，ハードディスクやフラッシュメモリの大容量化により，長時間の記録が可能となっている．

行動自体を映像から解析し，数値化する装置は高価ではあるもののすでに市販化されている．映像内のパターン認識も可能であったり，複数方向からの画像をもとに立体的動画を合成したり，移動距離を計測するような装置も発売されている．

一方で一般生活における動画の利用は，急速に普及し，携帯式音楽プレーヤーにも動画撮影機が内蔵される時代となった．こうした，動画利用の普及は，それを処理するソフトウェアの普及を伴い，たとえば現在市販されている動画編集ソフトウェアには，記録された動画を任意の間隔で静止画として抽出できる機能もある．

これを利用することで，人間の運動解析などで用いる高価なシステムを利用せずとも，短い継続時間の行動（動作）の解析が安価に実現できる．こうした機能がすでに組み込まれたビデオカメラが市販されている．実際に，家畜の歩様や起立横臥動作の解析に利用されている．また，通常の動画より1秒あたりの記録画像コマ数の多い，いわゆるハイスピードカメラの機能を有しながら低価格であるカメラも発売されている．今後，これまで価格が高く利用できなかった機能が搭載されたカメラが発売され，こうした製品は一般生活の中での利用を前提として発売されるが，解析の目的が明確である研究者にとって行動解析の有効な道具となるだろう．

かつてテレビカメラと画像（音声）記録装置は，分離していることが多かったが，両者一体型の装置（カムコーダ）が主流となった．特殊なカメラ（レンズ）を用いる場合や長時間の記録が必要な場合以外では，市販の一体型装置を用いるのが一般的である．現在では，静止画撮影用に発達したデジタル（スチール）カメラも，動画撮影機能を有している．動画や静止画をインターネット上に保存し，広く公開することも可能となっている．専用の機器を用いずとも，デジタル動画の撮影・保存・再生は，さまざまな身近な装置で可能となっている．

b. 音声（音響）レコーダ

直接観察されたデータは，一般にはチェックシートに記録されることが多いが，野外実験などでは音声レコーダによって記録されることもある．複雑な行動を正確に記録する場合などには役立つ反面，その記録を定量化するのには膨大な時間と労力を要する．かつてはカセットテープレコーダが音声記録の主体であった．現在では，音声をデータファイルとして保存することが一般的である．しかし，音声記録から行動形を聞き取る方法で解析する場合の手間は，カセットテープの場合と大差はなく，データの保管場所の小ささが利点となる程度である．ただし，音声認識ソフトを組み合わせることで，行動順序などのピックアップが行えるかもしれない．音声以外の音も記録できる．記録された音響データは，コンピュータソフトを利用した解析により，動作を観察するより正確で迅速な解析が可能なことがある．たとえば，咀嚼音の解析への応用が試みられている．

c. テレメータ

テレメータは，本来は遠隔地からの情報を計測する方法として工学分野で発達してきたものであるが，装置の小型化および高性能化によって，医学や生物学の分野でも利用されるようになった．動物の行動研究においては，行動を直接観察せずに，行動に関連する情報を電気的に計測しようとするものである．具体的には，心電図や筋電図，脳波などの電気的な情報だけでなく，顎や足の動き，体温など物理的・機械的変量なども電気的信号に変換することによって，ほとんどの生体情報が測定可能である．

d. データロガー

データロガーはスポーツ医学の分野で開発された小型の電子計測装置で，これを動物用に一部改良して各種の生体情報を記録するものである．テレメータと同様に，行動に関連する情報を電気的に計測する際に用いる．この装置は動物の頭部や背部に装着できる程度に小型で，かつ測定された情報を記憶する回路も同時に備えているので，テレメータでは電波が届かないような広い放牧地でも利用できる．メモリ容量にもよるが，現在使用されているもので，各種生理反応のほか，顎運動や移動などの行動情報を多チャンネル・24時間連続でとらえることが可能で，1，2点の限られた情報であれば数週間連続で測定できる．

e. 位置情報センサー

位置情報センサーは，ある範囲にある複数の物体の動きをカメラでとらえ，その重心位置，距離，角度，面積などのデータを記録するもので，2次元および3次元で測定できる．ケージ内の小動物や繋留された動物の行動は詳細に記録できるが，分析機器を含めると2次元のものでもかなり高価格になる．

f. 感知スイッチ

特定の限られた情報だけを収集する場合には，それぞれの行動の特徴に合わせた各種の感知スイッチが使われている．たとえば，赤外線ビームスイッチを飼槽の手前に設置してそのon-offから摂食行動の回数や時間を調べたり，飼槽をストレインゲージに接続してその重量変化から摂食行動の回数・時間に加えて摂食量を調べるなどの実例があげられる．デジタルカメラと組み合わせて，特定の場所を通過する動物の写真を撮影する器具の作成も行われている．また，万歩計を利用して放牧牛の歩数を調べた

g. スキナーボックス

心理学的手法による試行錯誤学習（オペラント条件づけ）を応用したスキナーボックスも行動研究によく用いられる．たとえば，レバー押し反応と温度調節機器とを組み合わせて体温調節行動を調べたりあるいはレバーと給餌とを組み合わせて摂食行動のパターンを調べるなどが行われている．また，レバーと餌との関係を学習した動物を用いて，さらにそれらと感覚刺激とを結びつけて学習させ，視力や色覚，聴覚など各種感覚能力の研究も行われている．

h. GPS

GPS（global positioning system）は人工衛星を利用する位置データ測位システムである．近年，小型化，軽量化および高精度化が著しく，放牧草地でのウシやヒツジの採食場所あるいは移動行動の研究に広く用いられている．廉価なものでも上空が開けた場所であれば，誤差5m以下の精度を示す場合が少なくない．GPS機能を有するデジタルカメラも市販されている．また，2007年からはMSASと呼ばれる補強信号送信システムが正式に運用され，日本でもディファレンシャルGPS（DGPS）の利用が可能となった．DGPSは補正信号を利用することで位置測定精度を向上させる技術であり，これを用いることで，誤差50cm程度での位置データ測定も可能である．DGPSを利用し，放牧牛の食草時の移動行動を一歩レベルで解析した研究も実施されている．

i. 加速度センサー

加速度センサーは動物に装着することで，その運動加速度を計測する機器である．三軸加速度センサーはXYZ軸の三方向での測定が可能である．得られた加速度データに積分を施すことで速度データを，これにもう一度積分を施すことで変位データを得ることができる．これを利用してウマ騎乗者の三次元運動を研究した例がある．

2.3.3 コンピュータ

a. 飼養管理機器での情報収集

自動給餌機や自動搾乳機に代表される飼養管理機器は，コンピュータ制御によって群飼の状態で個体管理ができるシステムを有している．こうした群飼養下における個体管理システムでは，無人でも，各種センサーを配置し，タイマーやフィルターあるいは記録機としてコンピュータを用いることによって，限られた時間範囲やレベル範囲の情報を自動記録することができる．最新の自動搾乳システムを例にとれば，自動搾乳機への訪問時刻，搾乳量，装着や搾乳に要する時間，乳に関する各種情報（色，温度，速度，電気伝導度など），濃厚飼料給与量，活動量（歩数）および体重，さらに反芻活動の計測センサーを介し，反芻時間の収集も標準化されている．

b. 記録器としての利用

コンピュータの大きな特徴の一つに，膨大な情報を小さなスペースに記録できることがあげられる．センサーとコンピュータが一体化あるいは接続可能な状況とすることで，収集されたデータがコンピュータに記録される．たとえばテレメータによるデータは，かつてはペンレコーダなどで記録し，数量化するのに相当の時間と労力が必要であったが，現在ではコンピュータに直接入力されている．感知スイッチやスキナーボックスのレバーもコンピュータと接続することによって，それらからの情報を簡単に記録できる．

c. 分析器としての利用

データを解析するのに，コンピュータの利用はきわめて有効である．記録器としてコンピュータを用いるということは，そこに蓄えられたデータは，コンピュータによって分析されることになる．収集したデータを必要に応じて並べ変えたりまとめたりはもちろんのこと，統計的な解析も短時間でできる．これらに関するソフトウェアはある程度市販されており，また簡単なプログラムの組み方を紹介した図書もある．いずれにせよ，近年は，高性能の小型コンピュータが安価で入手できるので，これを有効に活用することが行動研究においても重要である．

行動解析の結果から得られる情報は，飼養管理上有効であることが多く，動物飼養管理への応用として各種行動データを収集・記録・解析し，管理者に適切な情報として表示できるソフトウェアが開発されている．こうしたソフトウェアの改善に向けて，動物行動に関する研究は今後ますます必要となる．

2.4 データのまとめ方

それぞれの目的に応じて，これまで述べてきたような方法に基づき，器具機材を駆使すれば，ある問題を解決するのに十分なデータを集めることができるであろう．しかし，その集められたデータをどの

ようにまとめるかによって，解決できるはずの問題もできなくなってしまうことがある．行動に関するデータは，つい最近までは文学的な表現で記述されたものや観察記録的なものが多くみられ，再現性に乏しかった．行動においても，適切な統計法を用いることによって，より客観的な問題解決が可能となる．ただし，一つの問題を解決すればその結果が新たな問題を導き出し，さらに次々と解決すべきことが現れてくることは，他の科学分野と同様である．

ここでは，行動の解析に用いられる統計的方法についてごく簡単に解説するにとどめ，具体的な統計計算法など詳細は他の専門書を参考にされることを勧める．

2.4.1 パラメトリックとノンパラメトリック

行動の測定単位には，名義（分類）尺度，順位尺度，間隔尺度，比率尺度の四つがある．一般によく用いられる統計法には，t検定や分散分析のF検定，あるいは直線回帰から相関係数を求めるなどがあるが，これらのパラメトリック法はいずれも間隔尺度や比率尺度に対する統計法として考案されたものである．さらに，この方法を用いるには，データが正規分布に従うことや等分散性など，いくつかの前提条件がある．したがって，先の四つの尺度のうち，名義（分類）尺度や順位尺度で測定された変数は，前述のようなパラメトリックな統計法を用いることはできないのでノンパラメトリック法を用いる．また，行動研究におけるデータには，間隔尺度や比率尺度で測定した変数にも正規分布しないものも多く，そのような場合も前提条件を必要としないノンパラメトリック法を用いることが望ましい．ノンパラメトリック法は，このように標本数が小さく分布の型がわかっていない場合でも検定でき，また計算も簡単という利点があるが，標本数が大きい場合にはパラメトリック法に比べて計算が複雑になる．なお，両方の検定が使える場合においては，ノンパラメトリック法の方が検出力がやや落ちるので，正しく使い分けることも重要である．

代表的なノンパラメトリック法には以下のようなものがある．

a．Mann-Whitney の U 検定

単純な二つのサンプルの大小を比較する場合に用いられる一般的なノンパラメトリック法としてMann-Whitney の U 検定がある．これは，両方のサンプルを込みにして個々のデータの大小によりそれぞれ順位をつけ（大小どちらからつけてもよい），両サンプルの順位の和から検定する方法である．Wilcoxon の順位和検定も同様の理論による．

b．Wilcoxon の符号化順位検定

Wilcoxon の符号化順位検定は，対応のある二つのサンプルの大小を比較する方法で，同一個体の二つの異なる条件下における行動を比較する場合などに用いられる．これは，すべての対について差を求め，その絶対値の大小に順位をつけ，＋の順位和と－の順位和から検定する方法である．

c．Kruskal-Wallis の検定（順位の一元配置分散分析）

三つ以上のサンプルの大小を比較する方法として，一元配置の分散分析に相当する Kruskal-Wallis の検定がある．これは，全部のサンプルを込みにして，Mann-Whitney の U 検定と同様に個々のデータの大小に順位をつけ，各サンプルの順位和から検定する方法である．

d．Friedman の検定

対応のある三つ以上のサンプルの大小を比較する方法として，乱塊法に相当する Friedman の検定がある．これは，同一個体の三つ以上の異なる条件下における行動を比較する場合などに用いられ，各個体ごとに $1-n$ までの順位をつけて，条件ごとの順位和から検定する方法である．

e．Kendall の順位相関係数（τ指数）

同一個体における独立した二つの測定値の間の相関を求めるのに Kendall の順位相関係数があり，パラメトリック法の単純な回帰における相関係数に相当する．これは，二つの測定値 X, Y それぞれに大小の順位をつけ，X を1位から順に並べ変えたときの Y の順位から τ 指数を求めて検定を行う．類似の方法に，Spearman の順位相関係数がある．

f．χ^2（カイ二乗）検定

期待値に対する実測値の隔たり，あるいは二つ以上の実測値間の比較を行うのには，χ^2 検定を用いる．χ^2 とは，実測値と期待値または他方の実測値との差を二乗し，これを後者（期待値または他方の実測値）で割って加えたもので，この値を χ^2 表と比較して有意性を検定する．

2.4.2 一般化線形モデル（GLM）と一般化線形混合モデル（GLMM）

分散分析や回帰分析といったパラメトリック法はデータの正規性を前提条件とするが，これらの統計法を拡張したより広範なデータを扱える統計法に一般化線形モデル（generalized linear model：GLM）

がある．たとえば，一般にある行動を行った／行わなかったといった二値データは二項分布に，ある行動を行った回数のようなカウントデータはポアソン分布に従う．一般化線形モデルではこのような正規性を満たさないデータであっても，適した分布を研究者自らがデータの誤差構造として指定することで，従来のパラメトリックな統計法と同様の枠組みで解析できる．

GLM をさらに拡張し，ランダム効果を統計モデルに導入したものが一般化線形混合モデル（generalized linear mixed model：GLMM）である．たとえば，動物の行動研究では同一の個体から繰り返しデータをとるケースがあるが，そうして取得したデータ間には相関があることが多く，統計処理の前提であるデータの独立性を満たさない．このような要因（この場合，"個体"）をランダム効果として扱うと，同一個体から得たデータは，ばらつきをもつある一つの分布からランダムに抽出したデータとしてみなされる．これにより，データの自己相関性を考慮した上で統計処理を実施することができる．GLM や GLMM といった統計法も，近年は統計ソフトウェアの普及もあり，比較的容易に適用することが可能である．

2.4.3 行動連鎖の解析

行動連鎖とは，観察中に起こった個々の行動の順序やその長さを含めて記載することで，これらを分析するには，点観察ではなく連続観察のデータが必要である．これは，ある行動から他のある行動への推移が期待値に比べて起こりやすいか起こりにくいか，あるいはある行動から他のある行動へ推移するまでの時間が期待値と比較してどうか，などを χ^2 検定や Kolmogorov-Smirnov の一試料検定によって調べるものである．この手法は，性行動の連続性の詳細な検討や，摂食行動にあてはめることで摂食期の定義に応用されている．

2.4.4 移動軌跡の解析

従来，動物の移動軌跡の研究は記述的なものが多かったが，近年は動物行動研究の分野でも移動軌跡を定量的に表す数学的手法が普及してきた．ここでは移動軌跡の解析手段として比較的よく用いられる二つの解析法について述べる．もちろん，これらの手法はさまざまな形状パターンの定量化にも応用可能である．

a. ランダムウォークモデル

ランダムウォークモデルでは動物のある時点の移動距離およびその際の転向角度が，ある確率分布から決定される．そして，そうして決定される移動が連続したものを移動軌跡とする．前提条件として，連続する移動の移動距離および転向角度は統計的に独立である．ランダムウォークモデルの中でも，移動行動の解析に用いられやすいのは correlated random walk（CRW）モデルや Lévy flight モデルといった直進性の強いものである．移動行動の空間的階層性を考慮に入れるために，移動距離および転向角度の確率分布をスケールごとに異なるものとした試みもある．

しかし，ランダムウォークモデルには連続する転向角度は統計的に独立であるという前提条件が必要である．昨今，普及が進んでいる GPS により得られるような，任意の時間間隔で測定した位置座標を結んで得た移動軌跡を検討するのには不適切である．

b. フラクタル解析

フラクタル解析は歪曲度の指標となるフラクタル次元という概念を利用する解析方法である．フラクタル次元は軌跡が直線ならば 1 の値を，歪曲しているほど大きな値をとる．ランダムウォークモデルとは異なり移動軌跡を一連なりの形状として解析するので，任意の時間間隔で測定した位置座標を結んで得た移動軌跡にも適用することができる．また，この手法の特徴として，フラクタル次元のスケール間の違いを同定することで，形状の階層構造についての情報を得ることが可能である．これを利用し，放牧乳牛の食草時移動軌跡の空間的階層性を示した研究例もある．

2.4.5 社会関係の解析

多くの動物において，群の中で各個体間の優劣の関係から順位ができる．各個体の優位度は，群の大きさと自身の地位，すなわち自分より下位の個体数との比で表される．集団内における順位の直線度を表す方法には Landau の指数がある．これは，群の大きさと全個体についての下位個体の数から求めるもので，同順位の個体がなく完全に直線的な順位の場合はこの指数が 1 に，逆に各個体が同数の個体に対して優位の場合は 0 となる．また，個体間の関係は，必ずしも一方が他方に対して絶対的に優位というわけではない場合も多く，各個体の優位度を他個体との対戦成績（勝率）の平均値で表すこともある．

社会的ネットワーク分析は動物群の社会関係を複数の個体間関係から構成される一つのネットワークとして表し，その定量的評価を可能にする手法である．これは，各個体を表す「点（node）」同士を，個体間関係の有無と程度を表す「線（edge）」で結び，「点」の集合程度などのパラメータを算出するというものである．単純に個体間関係それぞれを検討する場合と比較すると，すべての個体間関係を包括的に検討できるため，ある行動における各個体の他個体への影響力の強さや，群の個体間関係の様式を明確にすることが可能となる．データとしては，たとえば，移動時の先導−追従関係，サブグループ形成時のメンバーの選好性や性行動の頻度など，個体間関係を表すものであれば適用が可能である．

2.4.6 多変量解析

多変量解析とは，一つのデータが2種類以上の変量の組からなる場合，多次元分布法則に基づいて統計的な推論を試みる方法の総称である．行動の解析にはさまざまな統計法が用いられている．ある行動の発現にかかわる要因間の相互関係をみる場合には，主成分分析や因子分析が用いられる．主成分分析は，いくつかの要因から特徴ある変量を推定する方法であり，家畜の気質（管理形質）評価や乳牛の個体特性と牛床利用の特徴に関する研究において応用されている．また，個体間の関係や行動の一致度をみる場合に用いるクラスター分析，ある行動の発現（従属変数）に影響を及ぼす要因（独立変数）が二つ以上ある場合に，その従属変数と複数の独立変数との関係を示す重回帰分析などがある．

条件の内容を表すデータは，必ずしも量的であるとは限らず，「飼槽に面した牛床列」とか「晴れた日・雨の降った日」といった質的データのこともある．こうした質的データを条件（説明変量）として，重回帰分析，因子分析や主成分分析と同様の解析を行うには，数量化理論を用いるとよい．実際に，各牛床での横臥時間を，牛舎内位置属性から検討した研究でこの方法が用いられている．

2.4.7 最適戦略の解析

動物は最小のコストで最大の適応度（利益）を得るという最適戦略の観点からのアプローチは，行動の機能を探求する上で不可欠である．これには行動のコストと利益をふまえ，最適戦略を定量的に予測し，検証するといった手順を経る．しかし，予測する行動が種々の行動の組み合わせであるなどして複雑であったり，考慮に入れるべき要因が多数であったりする場合，最適戦略の定量的な予測が困難なことがある．近年，人工ニューラルネットワークを用いて行動モデルを構築し，これに遺伝的アルゴリズムを組み合わせて最適戦略を求める手法が提案され，最適戦略の解析に成果をあげている．

2.4.8 データのまとめ方の参考文献

行動研究の解析法に関する統計書はあまり多くなく，なかでも日本語で書かれたものは非常に少ない．一般の統計書にも，近年はほとんどの場合，ノンパラメトリック法が取り上げられているので，それらも大いに参考にできるが，ここではとくに行動に関する統計書に限って紹介する．

① 伊藤嘉昭監修，粕谷英一・藤田和幸著：動物行動学のための統計学．東海大学出版会，1984．

動物行動学の研究者を対象に書かれた統計書で，本節で紹介した統計法のほとんどが実例とともに紹介されている．また，当書の巻末に，行動解析の参考書が網羅されている．

② P. マーティン・P. ベイトソン（粕谷英一・近雅博・細馬宏通訳）：行動研究入門．東海大学出版会，1990．

ケンブリッジ大学のマーティン（Paul Martin）とベイトソン（Patrick Bateson）両博士の著書「Measuring Behaviour」の翻訳で，行動研究における計画段階から準備，実際のデータ収集，その解析に至るまでをわかりやすく解説している．原書は，2007年に第3版が出ている．

③ 吉田 実：畜産を中心とする実験計画法．養賢堂，1978．

その名のとおり畜産における研究の方法について，実例をあげながら解説しており，行動研究においても十分に参考になる．

④ S. Siegel: Nonparametric Statistics for the Behavioral Sciences. McGraw-Hill Book Company, New York, 1956.

かなり古いものであるが，行動研究においては非常に有用なノンパラメトリック法を数多く取り上げ，解説した有名な統計書である．1988年に改訂版が出ている．

3. 行動のレパートリー

ウシ ウマ ブタ ヤギ ヒツジ ニワトリ イヌ ネコ クマ チンパンジー

3.1 行動の類型化

　動きの連続としての行動は，パターン認識として類別できる単位（カテゴリー）に分解でき，それらをもとに計測が可能となっている．ここではそれらの行動単位のうち，成獣の完了行動について写真を用いながら定義し，各飼育動物の行動レパートリーを提示することを目的とした．幼齢個体の行動は，母子行動を除き，成獣の行動の未完成型であり，成獣の行動から類推できるので遊戯行動を除き省いてある．ネーミングは動作が類推できるような日本語表記とし，極力名詞形を用いたが，不自然な場合は動詞形も用いた．日本語表記が慣用的でない場合は，英語表現をカタカナで表記した．索引にはすべての英語綴り（米国式）が載せてある．「歩行」および「走行」は有害刺激からの逃避・回避の他，さまざまな行動の欲求行動としても出現するため，類別化が困難であり，ここでは単位として扱わなかった．また，強烈な有害刺激，たとえば，捕食獣の接近などに対する「暴走」やニワトリでの「飛び上がり」は護身行動の1行動単位とも考えられるが，自壊的で非適応的な場合もあり，定義が困難なため，単位として扱わなかった．さらに，行動を環境に対する総体としての働きかけととらえたため，「呼吸に伴う体の揺れ」など単なる生理現象の表象的な動きは除いたが，「休息」「反芻」「睡眠」「排泄」などは時間と場所の選択が行動的であったり，社会的・生殖的意味を有する場合も多く，よく行動調査で扱われるため単位に含めた．行動は種々の姿勢，すなわち，立位，伏臥位，横臥位，（犬）座位および移動中に行われるが，ここでは前4者の基本型を「休息行動」の中に示した．姿勢はエネルギー消費と強い関係があるため，行動を調査する場合は，まずそれらの姿勢を分類し，その後各行動単位に分類することが肝要である．

　1章で述べたとおり，行動とは目的志向的であるため，これらの行動単位は機能という点からまとめることができる．しかも巻末の付表1，付表2のとおり，2〜3レベルでのグルーピングが可能である．最下位レベルでのグルーピングは，行動単位の後にかっこつきで示した．このグルーピングはすべての行動単位にあてはまるものではなく，同一の動機のもとに多様な行動が出現する場合に限られる（例：にらみ（誇示））．より上位のレベルのグルーピングは，至近的な機能による分類である．同一の機能を有する複数の動機に基づく行動がまとめられている（例：摂取行動）．母子行動は母性行動と新生子行動からなり，機能的に異なるが，相互行動として起こるためひとまとめにした．最上位のレベルのグルーピングは，究極的な機能による分類である．すなわち，維持行動，生殖行動，およびそれらの行動の失宜行動である．reproductionという生物学的な意味で使う場合は，「生殖」を使い，breedingという畜産的増殖の意味で使う場合は「繁殖」を使った．維持行動は完結性の点から，仲間との関係を含まない個体維持行動および仲間との関係を含む社会行動に細分され，表ではその名称を用いた．生殖行動も他個体との関係を含み，社会行動ともいえるが，ここではその名称は用いない．維持行動および生殖行動の失宜行動は，心理的混乱状態のときの行動である葛藤行動および混乱の長期化に伴う適応戦略の変更ともいえる異常行動に細分され，表ではその名称を用いた．しかし，失宜行動に関する研究は初期段階であり，行動単位の種類および類別化もまだ不十分で，今後の研究蓄積が期待されている．各グルーピングにおける行動単位の記載順は，動機レベルの低い順

および行動の出現順序（連鎖）を原則としたが，順序がないグルーピングでは無作為に並べてある．同時に出現し，区別が困難な行動単位は「・」でもって並列させ1単位とし（例：① 聴く・視る），同時あるいは連続して出現するため，説明は一緒にした方が簡便かつわかりやすい行動単位は，2単位を並列させて表記した（例：② 舐める，③ 噛む）．同じ名称の行動単位で動物種ごとに定義が異なる場合があるが，実際に行動調査を行う場合にはこれらを参考に自ら再定義し，各行動単位の内容（要素となる動作）の独立性を確認しなければならない．

各行動単位を機能という面から分類したが，同じ行動単位が，いくつかの機能をもつ場合も多く，またすべての行動単位の機能が明らかになっているわけでもなく，この分類はある程度便宜的な部分もある．

本書の初版では，個体維持行動と維持行動が逆に使われている．初版では，摂食行動などの，個体で完結する行動も，親和行動などの，仲間との関係を含む行動も，どちらも個体の維持（生存）に有利な行動として進化したという意味で，まとめて個体維持行動とした．しかし，個体の対義語は社会であることから，本版では，表1のとおり，社会行動の対義語として個体維持行動を使用した．

表1　行動類型の概念とネーミング

構造＼機能	維持	生殖
個体完結的	個体維持行動	なし
仲間との関係	社会行動	生殖行動

なお，霊長類学においては，チンパンジーの年齢区分および行動単位名について特有の呼び方が存在するが，本書では他の動物種の表記にそろえた．飼育チンパンジーで日常的に観察される道具使用行動は，それぞれの機能に従い分類した（1.1.4項参照）．

3.2　個体維持行動

動物は自分の生命維持のために食物を摂取したり体を休めたりする．こうした，個体自身の生理的平衡を保つのに現す行動を総称して維持行動と呼ぶ．その中で，個体完結的に行われる行動を，個体維持行動と呼ぶ．

3.2.1　摂取行動

動物が，水分や養分を口から取り込み，飲み込むことによって体内に取り入れる行動．この行動は，水分，エネルギーおよび体構成成分の摂取という直接的意義のほか，体温調節行動としての意義もある．また，闘争中に転位行動としてみられる摂食もある．

動物は，消化管の充満の程度や血糖値などの内部環境および嗅覚や視覚刺激などの外部環境からの感覚情報を，脳幹，視床などを経て大脳辺縁系および視床下部で処理し，複合感覚として発生した空腹感に基づいて食物を探し（欲求行動），摂取する（完了行動）．この食物を摂取するという最終的な行動は，視床下部外側野にある摂食中枢からの情報が淡蒼球や脳幹を経て運動系に出力され，完了する．摂食を休止させる満腹中枢も視床下部腹内側核にある．

動物の食性には，1日分の食物を比較的長い時間間隔をおいて数回に分けて摂取するもの（meal eater）と，少量ずつほぼ全時間帯にわたって摂取するもの（nibbler）とがあるが，いずれも日周性のリズムや季節変動性が認められる．ウシ，ウマ，ヒツジ，ヤギなど草食動物が放牧時に草を摂取する行動を，給与飼料の摂取と区別してとくに食草行動と呼ぶこともある．なお，集約畜産や旧来の動物園などにおいては，飼料が定期的あるいは常時給与されるため，欲求行動の欠落あるいは完了行動の時間的短縮により，栄養的には充足されても行動的に欲求不満状態に陥りやすい．

幼齢個体は，哺乳中から敷わらや成獣用の飼料を口に含んで遊ぶような行動を始め，成獣の摂取行動の模倣をし，徐々に真の摂取行動に発達していく．

飲水は，視床下部外側野の摂食中枢に隣接した部位が大きく関与し，そこが飲水中枢と考えられているが，視床下部の他の部位や扁桃核や海馬など大脳辺縁系にも飲水の促進および抑制両方の機構があるといわれており，またアンギオテンシンⅡなどのホルモンが介在する場合もある．

これらの行動は，個体維持行動の中でももっとも重要かつ基本的な行動で，生得的かつ定型的な行動様式をもつが，環境によって，摂取する対象物の種類や摂取方法は変化しうる．なお，幼齢個体の吸乳行動は摂取行動の一つであるが，母親の授乳行動と表裏一体のものであるため，本書では生殖行動の中の母子行動の項に含める．

ウ シ

① 摂　食：ウシは，上顎の切歯がないので，草を舌で巻き込んで口に入れ，下顎の切歯と上顎の歯床板に挟み，頭を前後，ときに左右に小刻みに振って草を引きちぎる．この動作を数回行ったのち，嚥下する．放牧地では，頭を下げた姿勢でゆっくり前進し，ニオイを嗅ぎながら食べる草を選び摂取する．灌木類がある放牧地では，頭を上に伸ばして頭上の樹葉を摂取することもある．

乾草や生草を長いまま給与すると，口に草をくわえて頭を持ち上げ，下顎を左右に小刻みに動かしながら徐々に口中に収める．

濃厚飼料の場合は，舌を長く伸ばし，すくい上げるようにして口中に入れる．

② 飲　水：水面に口唇をつけ，水を吸い込むようにして飲む．摂食後に飲水することが多い．

③ 舐　塩：口から舌を出し入れしながら，舌で固形塩の表面をなであげるようにして舐める．摂食の前後や休息時に塩を摂取することが多い．

④ 食　土：表土が露出している斜面などで，休息時にまれにみられる．舌で舐めるか，または舌ですくうようにして土を摂取する．

ウマ

① 摂　食：草を口唇でよりわけ，まとめて切歯で食いちぎり，臼歯で咀嚼し嚥下する．口唇部の感覚は鋭敏で筋の発達もよいため微細な動きが可能である．短い草の摂取に適応的で，とくに若芽を好んで摂取する．

また，野草地や林間放牧地などで現存草量が低下したり，冬季の積雪が多いと立木の皮をかじりとって摂食する場合もある．

② 飲　水：口唇で水を吸いあげ飲水する．飲水量や頻度は環境によって影響を受けるが，放牧下では1日2～3回程度の飲水がふつうである．また舎飼では摂食に同期して飲水回数は増える．

③ 舐　塩：ウマに固形塩を与えた場合，舌や唇を使って表面をなでるように舐める．

④ 食　糞：子ウマは生後2か月齢ぐらいまで母ウマの糞を摂食することがしばしば認められる．この行動には消化管内に微生物を補充するという適応的意義があると考えられている．

ブタ

① 摂　食：下顎で餌（粉餌）をすくい上げながら，上顎と噛みあわせる．

放飼下では，草，根，木の葉，ミミズ，毛虫などを鼻で探索し摂食する行動がみられる．また，鼻先を土中に突っ込んで土や石も食べる．

② 飲　水：水槽やカップから飲む場合は上下の顎を閉じて水槽の中へ口を入れて吸引する．

ティート式の場合は，飲水器の先をくわえて吸うようにして水を飲む．

ヤ　ギ

① 摂　食：鼻で軽く探索（ニオイ嗅ぎ）しながら草をくわえ，前上方に頭を動かすと同時に切歯で草を食いちぎる．数回食いちぎった後に咀嚼し嚥下する．

樹葉や樹皮も好んで摂食する．

乾草や生草を長いまま給与すると，それらをくわえたまま頭を上げ，咀嚼しながら徐々に口中に収める．茎の硬い部分は口外にそのまま落とす．

② 飲　水：水に口をつけてゆっくりと吸い上げる．頸部皮下に水の移動を視認できる．1回の飲水は10～40秒持続する．飲水後，頭を上げ，「後行動」として，舌を出し入れして吻部を舐めることがある．

③ 舐　塩：舌を小刻みに出し入れして固形塩を舐めたり切歯でかじったりする．

ヒツジ

① 摂　食：ヒツジは上顎切歯がなく歯床板が発達し，上唇が中央で二つに分かれ活発に動かすことができるので，牧草を唇で口腔内に取り込み，上顎歯床板と下顎切歯の間で引きちぎり，咀嚼し，飲み込む．

放牧地では頭を垂れ下げたまま前進しつつ，食べようとする草を選択し摂食を続ける．上顎歯床板と下顎切歯で牧草を食いちぎるので草丈が3cm程度まで摂食することができるといわれている．

サイレージや濃厚飼料などは唇で口腔内に取り込み，咀嚼嚥下する．乾草などが細切してない場合は口にくわえて先端部から食べ，硬い部分などを残すことが多い．

② 飲　水：口を水面につけ，何回かに分け吸い込むように飲み込む．摂食を中断して飲水し，飲水後ただちに摂食を再開することが多い．

③ 舐　塩：舌を小刻みに出し入れし舐める．かじることもある．放牧下，舎飼ともに摂食の合間にみられる．

ニワトリ

① 摂　食：配合飼料給与の場合には，やや手前に引くように嘴で左右に粒をより分けつつ摂取する．

野外では，草，木の葉，ミミズ，昆虫の幼虫，小石などさまざまな物を摂取する．大きい物は，嘴で挟み頭を傾けてちぎりとるようにし，長い物は，くわえて振りまわし，小さくして飲み込む．

② 飲　水：樋式またはウォーターカップ式の飲水器では，嘴を水中に入れ，その中で嘴を数回開閉し，下からすくうように頭全体を上げ，斜め上を向き，嘴をさらに数回開閉しながら水を流し込む．

ニップル式の場合には，下からニップルの先端をくわえるようにし，嘴を開閉して水を飲む．

イ　ヌ

① 捕食（人為選択により，捕食行動の発現割合に犬種差が認められる）

1) 追いかけ：対象個体を追いかける．

2) 忍び寄り：対象個体に対して頭を下げて，忍び寄る．

3) 凝　視：対象個体をにらみつける．

4) ポインティング：対象個体へ，鼻・背・尾を一直線にして体をこわばらせる．このときに片方の前肢を上げる犬種もいる．

5) 吠える，うなる：対象個体を追いかけるとき，または動きを封じ込めるときなどに吠えたり，うなったりする．

6) 押さえつけ：対象個体を上から押さえつけて，動きを抑制する．

7) 咬み殺す：対象個体を捕獲するときに，喉元に咬みつき自身の頭を激しく左右に振り，相手を咬み殺す．人為選択や学習により，この行動単位は抑制されていることが多い．

② 摂　食：肉片などは犬歯や切歯で食いちぎりそのまま嚥下する．骨などの硬いものは前肢でおさえながら，犬歯や切歯，前臼歯を使って咀嚼し嚥下する．草を摂食することもある．

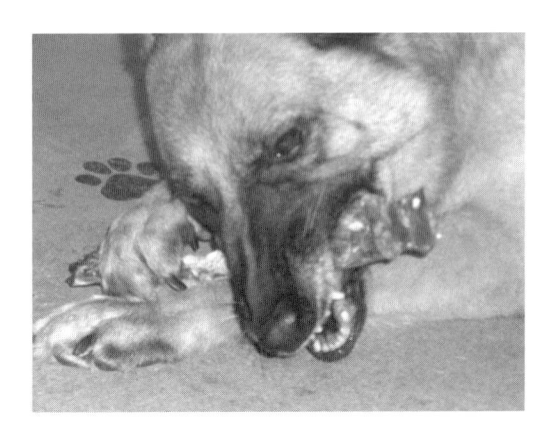

③ 飲　水：舌で水をすくい上げる．水中に鼻先を突っ込んで水を飲むこともある．

ネ　コ

① 捕　食

1) 追いかけ：対象を追いかける．

2) 忍び寄り：対象に対して頭部を低く下げて，音を立てずに忍び寄る．

3) 凝　視：対象をじっと見つめる．鳥などを見ながらケケケと喉の奥で軽く発声することがある．

4) 前肢でとらえる：一方または両方の前肢の爪を出しながら，対象を捕捉する．横臥位となり，後肢で同時に蹴る場合もある．

5) 押さえつけ：対象を上から前肢で押さえつけて，動きを抑制する．

6) 咬み殺す：対象を捕獲するときに，切歯により頸部に咬みつくことで咬み殺す．

② 摂　食

肉片などは犬歯や前臼歯で食いちぎり，噛み砕いて嚥下する．小粒の飼料や泥状や液状の食物は前肢ですくいとった上で摂食したり，前肢に付着したものを舌でこすりとり，舐め上げることにより摂取する場合もある．草を摂食することもあるが，その後嘔吐することが多い．

③ 飲　水：舌を水につけてすくい上げる．流水を好むこともある．

② 飲　水：上下の顎を閉じて，水の中に口を入れ吸引する．水が少量の場合など，舌を使って舐めることもある．

クマ

① 摂　食：餌を口唇でよりわけ，そのまま口内にいれるか，大きな物は切歯で食いちぎり口内に入れ，臼歯で咀嚼し嚥下する．食いちぎる際，前肢で食物を押さえることもある．蜂蜜など液状の餌を給餌した場合，舌で舐めとる．放飼場に生えた草を食べる場合，頭を下げ，ニオイを嗅ぎながら食べる草を選び，摂食する．

チンパンジー

① 摂　食：直接口をつけてあるいは手を器用に使って食物を口に運び，噛み砕き，嚥下する．丸呑みすることもある．果実類などは，むしりとる，つまみとるなどする．手の届かないところにある場合，木の枝などを使って果実をたぐり寄せたり，植物の根茎を掘り起こしたり，アリ・シロアリを小枝に噛みつかせてから舐めとるなどする．皮を剥く，とげを除去する，殻を割るなど，食物を入手した後に可食部位を取り出すための加工を行う．

木の枝を利用して細い筒に入ったジュースを飲もうとしているところ．枝，葉，石などさまざまな物を道具として利用して，食物を得たり，交尾に誘ったり，ディスプレイなどをする．道具は製作し，使いやすくなるように加工することもある．

② 飲　水：水たまりなどに口を直接つけて水を飲んだり，木の洞に溜まった水にスポンジ状に噛んだ葉を浸して，飲むこともある．

果実・茎・葉を食べる際に飲み込まずに吐き出されるものをワッジという．飼育下ではサトウキビのような甘く繊維質を多く含む食物を長く口に溜めている．ずっと口に入れて持ち運んだり，ワッジをスポンジのように使って水を飲んだりもする．

3.2.2　休息行動

動物が，運動を中止または減少することによって体エネルギー消費を少なくし，消耗を回避またはそれからの回復を図る行動であるが，場所や時間帯の選択など行動学的な意味も有する．立位よりは伏臥位や横臥位において，より休息のレベルが高く，睡眠はもっとも効果的な回復の行動である．なお，四肢を折り曲げ伏せた姿勢と，四肢を伸ばして腹側部を地面や床につけた姿勢を含めて横臥位という場合もあるが，種により両姿勢が発現するものとしないものがあり，休息のレベルも姿勢によって異なると考えられるため，本書では両者を分けて記述した．また，ウシでは後肢を片側に伸ばす横座りのような姿勢を側臥位と呼ぶこともあるが，本書では伏臥位に含めた．

ヒトと同様に，動物の睡眠には，大脳皮質の脳波が徐波化し，自律機能の状態が安定した徐波睡眠と，大脳皮質の脳波は覚醒時と同様な低振幅パターンを示しながら，四肢の骨格筋の緊張が消失し，自律機能の状態が不安定な逆説睡眠の二つに分けられる．逆説睡眠のときには眼球がよく動くので，rapid eye movement の頭文字をとってレム睡眠ともいい，それに対して徐波睡眠をノンレム睡眠という．

覚醒と徐波睡眠の中間型として，まどろみ状態がある．このとき，脳波には速波と徐波が混在し，眼は半開きとなり，外界への注意力が低下する．ウシ，ヒツジ，ヤギでは反芻時によく現れ，心理的な環境適応の指標ともなっている．このような睡眠行動は，爬虫類や両生類，魚類などの変温動物では明らかでなく，系統発生的に出現した行動と考えられる．記憶の固定，細胞の修復などが示唆されているが，生物学的意味は完全には明確になっていない．

　動物が休息時に選ぶ場所は環境に大きく影響され，たとえば，夏季に風通しのよい日陰で休むなど，より快適な場所を選ぶ．群の中では優位の個体がよりよい場所を選ぶことができ，したがって，休息時の個体間の位置関係は，その群の社会的関係も反映することになる．

　幼齢個体は，睡眠を含めた休息行動に多くの時間を費やすが，成長に伴う摂食やその他の維持行動の発現時間の増加とともに，相対的に減少する．

　なお，反芻動物における反芻行動は，積極的に表す行動というよりは消化のための生理機能の表出であって，まどろみ状態での反芻も多くみられることから，概念規定上，休息行動に含まれる．また，彷徨（ぶらぶら歩き）も休息の範疇に入ると考えられる．休息時にはしばしば警戒レベルの低下を伴う．

ウ　シ

　① 立位休息：立った姿勢で不動化した状態をいい，覚醒レベルは低い．環境条件が悪い場合（暑熱時，吸血昆虫の発生期，雨天日など）には，立ったままで休息することが多い．雨天日の立位休息は，やや頭を下げた姿勢になっている．伏臥位から立位への移行動作は固定的であり，頭を前方に伸ばしながら反動をつけて尻を持ち上げ，前肢の一方を伸ばして立ち，続いて他方を伸ばし全体重を四肢で支える．

　② 伏臥位休息：両前肢を折り曲げ，両後肢を体に添わせるようにして座って休む．まれに，前肢の両方または片方を前に伸ばして座ることもある．傾斜地では高い方に体重をかけて座る．立位から伏臥位への移行動作も，座る場所のニオイを嗅ぎ，前肢を数度踏みかえた後，前肢を一方ずつ折りながらひざまずき，その後一方の後肢を折りながら後躯の一方を降ろし，全体重を地面にゆだねる．後行動として伏臥後に大きなため息をつく．

　③ 横臥位休息：四肢を伸ばし完全に横倒しの姿勢で休む．この休息姿勢の場合は逆説睡眠であることが多いと考えられる．

④ 反　芻：立位や伏臥位でみられる．いったん摂食した草を第1胃から食塊にして口中に吐き戻し，下顎を左右に動かして臼歯でその食塊を噛みなおす．45回前後／1食塊の噛みなおしを行い嚥下する．

⑤ 睡　眠：眠っているときには，ウシは眼を閉じ，頭部を地面または自分の体に置いていることが多い．伏臥位では，頸を曲げ頭部を自分の体に乗せる姿勢が多く，横臥位では，頭部を地面に置いた姿勢が多い．

ウ　マ

① 立位休息：ウマは立位，伏臥位，横臥位の3型の姿勢で休息，睡眠をとる．立位による休息時は頭をうなだれ，後肢の一方は軽く浮かせて負重しない．ときどき負重肢を交替する（踏みかえ）．

② 伏臥位休息：四肢を屈曲し，頸を立てた状態で伏臥位休息をする．立位から伏臥位に姿勢を変える場合，まず前肢を屈曲し，引き続き後肢を曲げる．

立位に戻る場合は，先に前肢をつっぱり次に後肢を伸展し，その反動で立ち上がる．

③ 横臥位休息：一方の体側全体を地面につけ，四肢を伸ばし，頭を地面にもたれた姿勢をいう．1日のうちのわずかな時間帯を頭を投げ出した姿勢で休息する．横臥位の大部分は睡眠であるが，その際，突然いななきを発する個体やいびきをかく個体もみられる．この姿勢での睡眠は長時間継続しないが，この間に逆説睡眠が出現すると考えられている．

④ 睡　眠：徐波睡眠は，おもに立位，伏臥位で生じ，睡眠相が逆説睡眠に変わると横臥位に姿勢を変える．どの姿勢でも睡眠時に眼を閉じるが，立位，伏臥位においては頸をかなり下垂し，ときには口先を地面につけ頭を支え，口唇は弛緩する．

ブタ

① 立位休息：立ったままの姿勢で，その場で一時的に休む．この行動の持続時間は比較的短い．

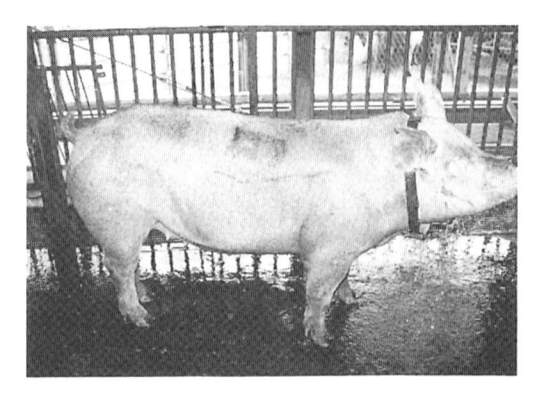

② 伏臥位休息：腹を床につけ，前肢を少し出して休む．立位から伏臥位に姿勢を変える場合，前肢から先に曲げる場合と，後肢を先に曲げて短時間の犬座位を経て伏臥する場合とがある．

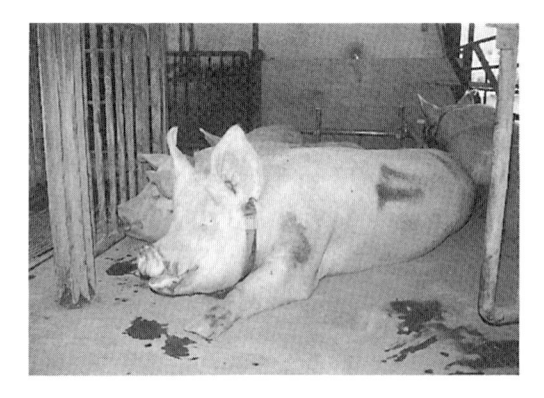

③ 横臥位休息：横になって四肢を伸ばし，体側面を床にべったりつけて休む．分娩房などでは立位から前肢を前に伸ばしてそのまま横臥することがある．群飼の場合は，季節にかかわらず，横に並んで休息することが多い．

④ 犬座位休息：尻を床につけ，前肢を伸ばしてイヌのように座って休む．これから前肢を伸ばして伏臥位になることも多い．この姿勢自体は異常なものではないが，不適切環境下ではその頻度が過度に多くなることがある．

ヤ　ギ
① 立位休息：立ったままで移動を伴わず，非活動的な状態．日内の時間配分は1.5～4時間で，放牧時より舎飼時に長い．

⑤ 睡　眠：眼を閉じ横になって四肢を伸ばして動かなくなる．筋肉は完全に弛緩する．したがって，睡眠時には横臥位で，伏臥位や犬座位はみられない．

② 伏臥位休息：欲求行動として両前肢で交互に前掻きを繰り返すことがある．後躯をやや下げてから両前膝を屈して着地し，後躯をさらに下げて伏せる．右座り，左座り，また四肢の位置など，種々の姿勢がある．

③ 横臥位休息：四肢を伸ばして完全に横倒しになり，動かない．

④ 反　芻：左頸部の皮下に食塊が上行するのが視認できる．咀嚼は，40～70回/1食塊，1.1～1.4回/秒と摂食時よりもゆっくりで，下顎は回転するように，より大きく側方に動く．30～80秒で再嚥下する．日中より夜間に，また伏臥中に多くみられる．

⑤ 睡　眠：伏臥して頭を低く垂れる．頸をひねって体側部に頭を乗せる，および横臥位の姿勢で眼を閉じる．

ヒツジ

① 立位休息：立位のままで休息している行動．食草または飼料摂取の後にみられ，摂食・移動などを中止し，その場に佇立静止する．

② 伏臥位休息：まず四肢をやや中央に寄せ，その後前肢を屈して前方に体重をかけ後肢を下げ，腹部を地表面に接する．

その直後に後躯を右もしくは左に移動させ，どちらかの後肢大腿部の上に乗せ，伏臥位となる．

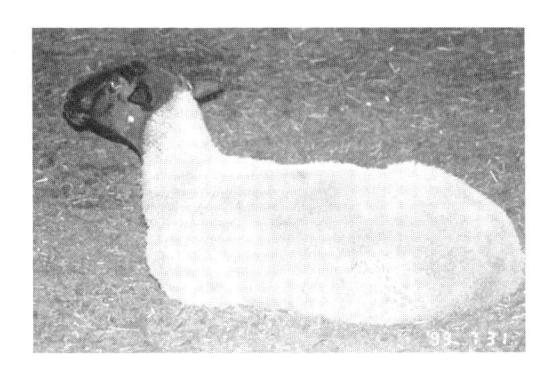

③ 横臥位休息：伏臥位の姿勢から四肢をどちらかの方向へ投げ出し，体側面を下にして休息を行う．
④ 反　芻：立位もしくは伏臥位で行う．いったん摂取した飼料を食塊として第1胃から口腔内へ吐き戻し，臼歯で咀嚼し，再び嚥下する動作を繰り返す．顎の動きは断続的であり，ゆっくり動かす．

⑤ 睡　眠：睡眠は伏臥位・横臥位休息時にみられる．頭部を低く垂れ，前肢を投げ出した形で地面に伏臥し，両眼は半開き，あるいは完全に閉じる．

ニワトリ
① 立位休息：立った姿勢のまま，頸を縮めて休む．

② 伏臥位休息：通常の休息時の姿勢で，脚を曲げ，両翼を下げ床面につけ，頸は縮めている．

③ 睡　眠：脚の角度，尾羽の下げ方，頸の状態，眼の開閉状態で，まどろみと睡眠の程度が分かれる．傾斜のあるケージにおいては，夜間の睡眠姿勢は，斜面の高い方に頭を向けている場合が多い．

② 伏臥位休息：後躯をやや上げて前肢を伸ばし，後躯を下げて伏せる．後躯の位置や四肢の位置など，種々の姿勢がある．犬座位から伏臥位へ移動することも多い．前肢の両方，または片方を前に伸ばして伏せる．両前肢を折り曲げて休息することもある．

③ 横臥位休息：四肢を伸ばす，または四肢をやや曲げた姿勢で一方の体側面を地面につけて休む．背を丸めた横臥位をとることもある．

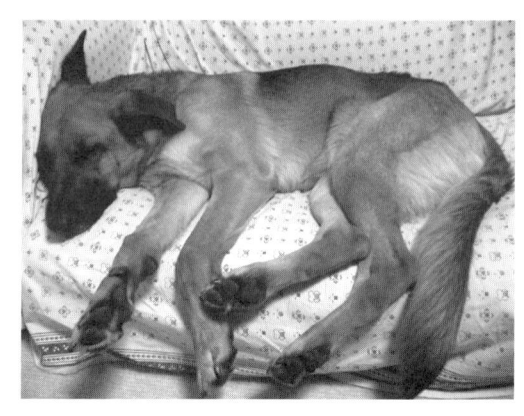

イ　ヌ

① 立位休息：四肢で立ったままの姿勢における休息．持続時間は短い．

④ 犬座位休息：前肢を伸ばして後肢を折り曲げた姿勢で休む．

⑤ 睡　眠：伏臥位や横臥位，ときには腹を上に向ける仰臥位のこともある．両眼は完全に閉じることが多いが，半開きのこともある．

ネ　コ

① 立位休息：四肢で立ったままの姿勢における休息．持続時間は短い．

② 伏臥位休息：四肢の位置はさまざまであり，すべての足裏のみを地面につけている場合，腹部と四肢の先を床面につけている場合，さらに両前肢もしくは一方の前肢の先を折り曲げて腹部の下に差し込んだ状態をとることも多い．

③ 横臥位休息：一方の体側面を床面につけて休む．背を丸める場合と伸ばす場合，四肢を折り曲げる場合と伸ばす場合がある．

④ 犬座位休息：前肢を伸ばし後肢のみを折り曲げた姿勢で休む．

⑤ 睡　眠：伏臥位や横臥位，および犬座位で両眼を閉じて眠る．曲面や柔らかい素材の上で寝る場合は，腹を上に向けた仰臥位で眠ることもある．

② 伏臥位休息：腹を地面につけ，頭を上げていることもあるが，顎を地面につけている場合が多い．四肢は曲げて，あるいは伸ばして休む．寒いときは頭を曲げ頭部を自分の体や前肢に乗せる姿勢が多い．また擬木などの上で，四肢をだらりとたらしたまま，休むこともある．

クマ

① 立位休息：四肢で立ったままの姿勢で，その場で一時的に休む．この行動の持続時間は比較的短い．

③ 横臥位休息：一方の体側全体を地面につけ，四肢を伸ばし，頭を地面にもたれた姿勢で休む．

⑤ 仰臥位休息：背面を地面につけ，四肢を伸ばして仰向けになって休む．

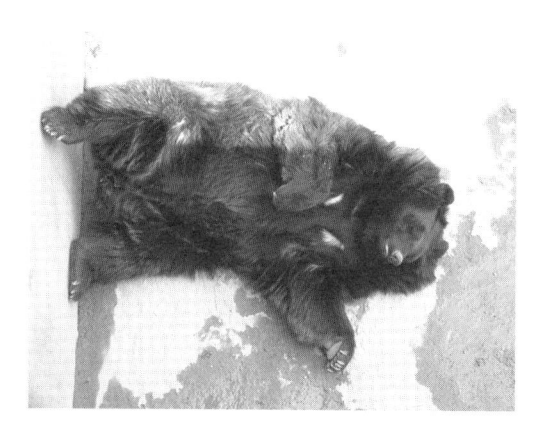

④ 犬座位休息：尻を地面につけ，前肢を伸ばして座って休む．後肢は曲げていることも，伸ばしていることもある．これから前肢を伸ばし伏臥位になることも多い．

⑥ 睡 眠：眼を閉じ，頭部を地面または自分の体に置いていることが多い．伏臥位，横臥位や仰向けの姿勢をとる．冬眠時には，眼を閉じ，頸を曲げ頭部を自分の体や前肢に乗せる．

チンパンジー

① 横臥位休息：脇腹を下にして横向きで寝る状態．足を手でつかんで体を丸めるようにして寝ることもよくある．

② 伏臥位休息：腹を下にした，うつぶせ寝のこと．反対に，背を下にした仰臥位で寝ることもある．

③ 座位休息：尻をつき，座る姿勢．膝を立てて曲げて抱える場合や，足を前に投げ出す場合がある．

④ 睡　眠：日没から夜明けまでの間，同じところで眠る．夜間に活発に活動することはまれで，基本的には昼行性の動物である．昼寝をする姿は頻繁に観察される．

⑤ 寝床づくり：横になって休息する場合，葉のついた木の枝を折り寄せ，枝同士を絡ませるように重ねて皿型の鳥の巣状の寝床をつくる．飼育下では布などを円形に丸めて寝床をつくる．

3.2.3　排泄行動

　動物が，消化管内の不消化物を肛門から糞として，また腎臓から膀胱に集められた余分な水分を尿道から尿として，それぞれ体外へ排出する行動である．鳥類においては，糞と尿を総排泄口から同時に排出する．排糞および排尿の中枢は，いずれも脊髄（仙髄）にあると考えられているが，さらに大脳皮質の高次神経作用に支配されている．動物が排泄行動に費やす時間は相対的に短いが，行動学的には，その回数や量，場所や時間帯などの知見から管理状態の良否や群の社会構造を知る手がかりとなるなど，飼養管理上，重要な意味をもつ．排ガスや発汗も生理的には排泄に含まれるが，排泄行動としては，通常は排糞尿を指す．

　なお，なわばりを明確にするための排糞尿など個体間のコミュニケーションと考えられるものや，敵対行動としての排尿，また発情時の排尿など，他の機能的意義をもつ排泄もある．

ウシ

① 排　糞：背を丸め尾をあげた姿勢で排糞する．

② 排　尿：メスの場合は，排糞のときと同様に，背を丸め，尾をあげて排尿する．

オスの場合は，尾をあげる動作がみられず，歩きながら排尿することもある．

ウマ

① 排　糞：尾をやや挙上して排糞するが，その姿勢には性差はほとんど認められない．排糞量，排糞頻度は食餌の質や量，環境，年齢，性によって変異に富むが，一般に成畜の1日の排糞量は14〜23kg，排糞頻度はオスで12.8回，メスで6.5回程度である．

② 排　尿：オスは後肢を広げて排尿を行う．メスは後肢をやや広げ尾を挙上させ体をややかがめた姿勢で排尿を行う．排尿量や頻度は環境，性，年齢によって変異するが，1日に体重1kgあたり3〜18ml排尿する．

ブタ

① 排　糞：排糞時の姿勢は，雌雄とも尾をあげ，後足を少し曲げ，背を丸める．

② 排　尿：排尿時の姿勢は排糞時と同様に，雌雄ともにしっかりと立ち，尾を上げる．メスは，排尿中に少し背を丸める．

ヤ　ギ

① 排　糞：直前に尾を上方に反転させるので予知できる．尾を上げたまま排糞する．1日に数十回の排糞がみられ，1回の排糞で50～60個の糞塊を排出する．歩行中にも起こる．伏臥位から立位への姿勢変更時や排尿に続いて起こることが多い．

② 排　尿：1回の排尿は数秒～30秒程度持続し，メスよりオスでより長い傾向がある．オスは尾を挙上し，後肢を広げて立つ姿勢で排尿する．繁殖季節には生殖的意義を有する尿散布（p.124 参照）がみられる．

メスは膝を屈して深く後躯を下げて排尿する．

ヒツジ

① 排　糞：粒状の糞（糞塊）をまとめて落下させる．排糞時の姿勢は，通常の立位とほとんど同じか，やや後肢を後ろへ伸ばす．排糞中に尾を振ることがある．

② 排　尿：後肢をやや前方に寄せ背を丸めて排尿する．オスの排尿はメスほど極端に背を丸めることは少ない（写真下）．

ニワトリ
① 排　泄：ニワトリでは，程度の差はあるが，排糞と排尿が同時に起こり，やや脚を曲げた姿勢で尾羽を上げたまま総排泄腔を露出するように排泄する．持続時間はきわめて短い．

イ　ヌ
① 排　糞：尾をやや上げて後肢を少し曲げ，背を丸める．この姿勢に性差はほとんど認められない．歩きながら排糞することもある．両前肢に体重をかけ，後肢（片方または両方）を持ち上げて排糞することもある．

② 排　尿：成獣は生理学的必要性に応じて1日に2～3回の排泄をするが，排泄の機会があれば頻繁に排尿する．この場合の多くは，社会的な意義や他個体とのコミュニケーションの意義を有する．成オスは片方の後肢を上げて物に向けて排尿を行うが，これはニオイづけの意義を有する．若齢オスは四肢に均等に体重をかけたスタンド姿勢もしくはやや前肢に重心を移動した前のめりの姿勢で排尿する．排尿後は後肢で地面を掻く行動がみられ，この行動はメスでもみられることがある．メスは後肢をやや広げてしゃがんだ姿勢で排尿するが，片方の後肢を上げて排尿をすることもある．逆立ち姿勢で排尿をすることや，排尿中に移動することもある．

ネコ

① 排　糞：砂場を利用する場合が多く，排泄前に両前肢を交互に使い砂を掻きわけて掘る動作をした後，やや陥没した場所で尾をややあげて後肢を少し曲げ，背を丸めて排糞する．排糞が終了した後，再び前肢を交互に使って周囲の砂で糞を埋める動作をする．途中で排糞箇所のニオイを嗅ぐこともあるが，砂場などの掘る対象がない場合もこの動作はみられ，また，終了後も糞が隠れていない場合がある．

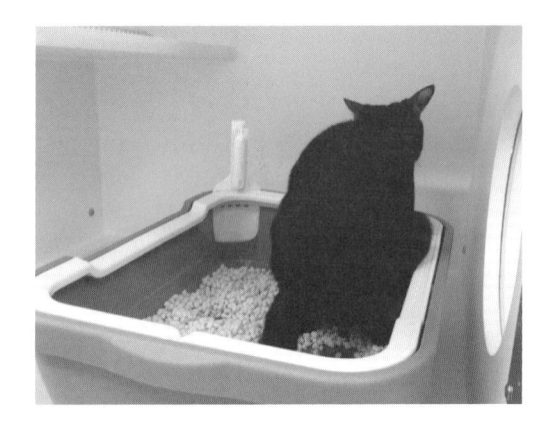

② 排　尿：排糞と同様に砂場を利用する場合が多く，排尿前後に砂を掻いたり，排尿した部分を埋めるような動作がみられる．通常の排尿時には，尿道口を砂になるべく近づけるように後肢をやや広げてしゃがんだ姿勢をとる．

クマ

① 排　糞：雌雄とも後肢を少し曲げ，背を丸め尾をあげた姿勢で排糞する．

② 排　尿：雌雄とも排糞時と同様に，後肢を少し曲げ，背を丸め尾をあげた姿勢で排尿する．

チンパンジー

① 排　糞：座った姿勢で段差を利用して排糞することが多い．排糞の場所は決まっていない．

② 排　尿：座った姿勢で排尿することが多い．歩きながら排尿するチンパンジーもいる．

3.2.4 護身行動

動物が，自身の肉体の保護や生理的恒常性維持のために，外的な刺激に対応して直接的に現す行動で，全身的な反応を伴うもの．具体的には，酷暑や厳寒，強風などの悪天候や，飛来する有害昆虫から身を守る行動を指す．暑熱時に水浴や泥浴によって自身の体温上昇を防ぐような行動や，とくに子ブタなどでは寒冷時に仲間同士がたがいに体を寄せ合うことによって体温を保つ行動といった体温調節行動および仲間同士が群がることによって有害昆虫の襲来からたがいに身を守る行動などの，社会的な護身行動もある．しかし，たとえば庇陰行動や群がりなどは休息行動の一形態であり，実際の行動観察においては定義が困難なため測定単位とはなりにくい．

動物が，身を隠すあるいは姿勢を変化させることなどによって，捕食者からの攻撃を回避しようとする行動も護身行動の一つといえ，野犬に対するヒツジの行動などがあげられる．しかし，展示動物や家畜においては一般にヒトによる保護がなされているので，アジア内陸部などで行われている遊牧や，北米や大洋州などの大規模放牧の場合を除くと，ほとんどみられない．

なお，敵対行動における回避や逃避などの防御的な行動は護身行動には含めず，社会行動に含める．

ウ シ

① パンティング（浅速呼吸）：暑熱時にみられ，口を開け，舌を出してよだれを垂らしながら，あえぐように呼吸をする．

② 向き変え：強い風が続く場合は，尻を風に向けるように向きを変える．

③ 庇　陰：日差しが強い夏季高温時には，牧区内にある木陰や庇陰舎などに入り，直射日光を避ける．冬の寒い日には，窪地や崖下などの風当たりの弱まる場所，物陰，庇陰舎などに入り寒風を避ける．

④ 日光浴：寒冷環境では日当たりのよい場所を選び，立位または伏臥位で日光を浴びながら休息する．

⑤ 水　浴：小川や水たまりに入って脚を水に浸す．ときには水槽に前肢を長時間入れる場合もある．夏季高温時にみられる．

⑥ 群がり：吸血昆虫が多い夏季には，吸血昆虫を避けるために頭を中に入れて体を寄せあい，円陣を組むことがある．

ウマ

① 向き変え：強風のもとで遮へい物がない場合，ウマは体温の低下を最小限に抑えるため，風上に尻を向ける行動をとる．

② 庇　陰：放牧地に木立などがある場合は強い日差しを避けるためにその陰に入る．

③ 日光浴：寒冷な季節には日を浴びて休息する．写真のように陰茎を出す個体も見受けられる．

④ 水　浴：脚や全身を水に浸す．

⑤ 群がり：放牧されている馬群は夏季には個体間距離が縮まるが，これは吸血昆虫に対する護身行動と考えられる．

⑥ 硬直化：特定の環境におかれると体を硬直させ，じっと動かなくなってしまう場合がある．

ブタ

① パンティング：暑熱環境下では，横臥位をとり体を床面にべったりとつけるとともに，腹を激しく波うたせて浅く速い呼吸を行う．

② 庇　陰：放飼場で飼育されている場合，夏季の強い日差しを避け，木や建物の陰で休息する．

③ 日光浴：秋季から冬季にかけて，運動場で伏臥位や横臥位をとり，体側面を太陽光にさらし体を暖める．

④ 泥　浴：暑い日は，体温を下げるために水浴び場や泥沼に四肢と腹部を浸したり，横臥位や伏臥位で水や泥を体全体に塗りつけたりする．水や泥がない場合，自分の糞尿を体に塗りつけ，泥浴と同様の行動がみられる．

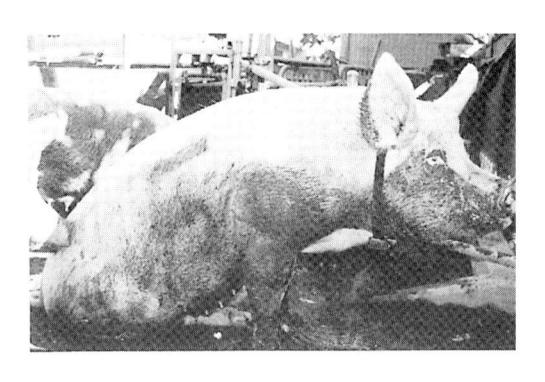

⑤ 群がり：寒冷時，たがいに体を寄せあって寒さを防ぐ．

侵入者に対し，逃避に続いて寄り集まり行動がみられる．このとき，各個体は，競って鼻先を他個体の体の下にもぐり込ませる．また，耳は直立した状態になる．

ヤ ギ

① パンティング：暑熱時に舌を出してあえぐ．

② 向き変え：寒冷や暑熱に対応して，風向や日射の方向に対し，体軸の向きを変える．

③ 庇　陰：暑いとき，木陰などに入り直射日光を避けたり，風雨の強いとき，それらが遮られる場所に隠れる．

④ 日光浴：寒冷環境下では陽だまりで休息する．

ヒツジ

① パンティング：暑熱時に体温を一定に保つため，舌を出しながら浅く速いあえぐような呼吸を繰り返し，呼気からの蒸散を促進する．

② 庇　陰：夏季の放牧地などで直射日光を避けるため樹木などの陰に入る．陰の面積が不足しているときは頭部だけを陰に入れたり，他個体の形づくる陰に頭部を入れたりする．

寒冷時には風を避けるため自然もしくは人工の庇陰物の陰に入る．

③ 日光浴：寒冷時に風の当たらない日光の当たる場所で立位もしくは伏臥位で休息する．写真は羊舎内における子ヒツジが休息中に陽だまりに集まっている様子．

④ 群がり：寒冷時に保温のためたがいの体を寄せあい，1か所に集合することがある．

ニワトリ

① パンティング：暑熱時には，開口し，舌を露出してあえぐように激しく呼吸をし，放熱をさかんにして体温調節を行う．両翼を体から離し少し下げ，立位で行う場合が多い．

② 立羽毛：寒冷時に毛を立てて断熱性を増し，放熱を防ぐ．さらに，頭部を羽毛内にうずめることにより放熱を少なくする．

③ 庇　陰：野外飼育の場合，強い風・雨・雪を避け，あるいは，夜間などにおける害獣からの捕食を回避するために遮へい物の下や陰に隠れる．

54　3. 行動のレパートリー

④ 日光浴：野外飼育の場合，直射日光の当たる場所を選んで座り，休息する．そのまま砂浴び行動に移行する場合が多い．

⑤ 群がり：幼雛は，寒冷環境におかれると，たがいに身を寄せあうように集まる．適度の雛の分散が，快適さを示す指標となる．

群飼の場合には，一般に危険を察知した場合や夜間の休息時に密集する．

⑥ パーチング（止まり木止まり）：野外飼育時，とくに夜間の休息時に，地上の他動物からの捕食を回避するために，地面から離れた高い位置の止まり木で休息する．

舎飼においても，止まり木が設置されている場合は休息時によく利用するが，その行動の程度は育成期における止まり木経験の有無により影響される．

⑦ うずくまり（硬直化）：主として頭上から危険が間近に迫り，回避できない場合，その場でやや低い姿勢をとり，頸を縮め両翼を少し浮かせ，尾羽をドげた服従姿勢で硬直し，危険が過ぎるのを待つ．

イ ヌ

① パンティング：体軀に汗腺が存在しないため，暑熱時には舌を出しながら，浅く速い呼吸を繰り返すことで体温を調節する．

② 庇　陰：強い日差しを避けるために木や建物の陰で休息する．

③ 日光浴：日当たりのよい場所で休息する．

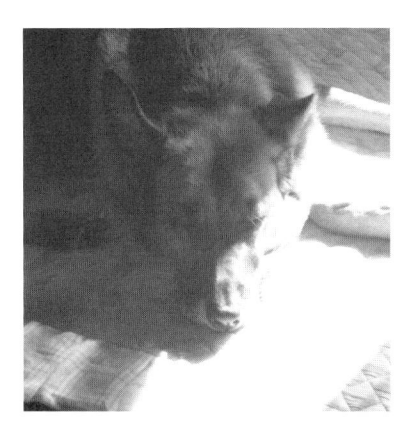

④ 水　浴：夏季高温時には川や水たまりに入って水浴びをする．立位で肢や腹を水に浸ける，浅瀬で伏臥位をとる，泳ぐなど，個体により異なる．このときに頭を水に浸ける個体もいる．

⑤ 群がり：寒冷時には，たがいに体を寄せあう．

⑥ 硬直化：新奇な物体が接近したときや，新奇な環境下におかれたとき体を硬直させ，じっと動かなくなってしまうことがある（写真右）．

ネコ

① パンティング：足裏からの発汗に多く頼っていることと，暑熱環境に比較的適応していることから通常はあまりみられないが，緊張状態や高熱の環境下においてみられることがある．

② 庇　陰：野外で生活するネコでは，暑熱時は日陰にやや穴を掘った場所で休息することが多い．

③ 日光浴：日当たりのよい場所で休息することが多い．

④ 縮こまり（硬直化）：寒冷時には四肢を縮め腹部の下側におさめ，全身を小さく縮めることにより体熱を保持する．

クマ

① 庇　陰：日差しの強い夏季高温時には，木や建物の陰に入り，直射日光を避ける．

② 日光浴：春季や秋季には，日当たりのよい場所を選び，日光を浴びながら休息する．

③ 水　浴：夏季高温時には，プールなどに入って体を浸す．頭部は水上に出し，プール内を歩き回ったり，プールサイドに顎を乗せた姿勢で，休息することもある．

チンパンジー

① 縮こまり（硬直化）：突然の動きや騒音など驚くようなできごとから距離をおくことなく，身を守るために体を小さくすること．写真は闘争場面での縮こまり．

3.2.5　身繕い行動

動物が，口や脚を用いて体表を掻く，あるいは物に体を擦りつけることなどによってかゆみを軽減させる行動，および，尾振りや身震いなどによって有害昆虫を追い払ったり，皮膚や毛についた寄生虫や汚れを取り除く行動や，体毛を整えるために体表面を手入れする行動．護身行動と厳密には区別しにくい行動もあるが，護身行動が主として全身的な行動であるのに対し，身繕い行動は体の一部の反応を指すことが多い．鳥類では，皮膚や羽毛だけでなく嘴についた汚れを取り除いたり，尾腺からの分泌物を羽毛に広げる行動も含める．これらは自身を快適に保つ，あるいは不快な状態を脱する行動ということから慰安行動あるいは安楽行動とも呼ばれる．

一般に，自身に対する行動を指すが，他個体に対する同様の行動は，敵対的または親和的，あるいは性的な機能をもつものもある．

ウシ

① 身震い：吸血昆虫やハエなどの虫が多い季節によくみられ，皮膚を小刻みに震わせて体に飛来した虫を追い払う．虫をよける場合には，脚をあげて腹部を蹴る動作，頭を左右に振る動作も多い．同時に尾を上下左右にうち振る「尾振り」もみられることが多い．

② 舐める：自分の体のかゆいところなどを舌を使って舐める．頸を体に沿って後方に曲げ，後躯，体側部，後肢などの目的の部位を下から上に舐めあげる．前肢や鼻孔も舐める．

③ 噛　む：自分の体を舐めるときに，同時にその部位を噛むこともある．

④ 掻　く：後肢または角などで自分の体を掻く．後肢を使う場合は，自分の顔部，頚部などを後方に向け，後肢を大きく前方にあげる姿勢で，目的の部分に蹄の先を当てて掻く．

⑤ 擦りつけ：立木，枯れた切り株，牧柵あるいはブラシなどの物体に目的の部位を押しあてて，擦りつける．

⑥ 伸　び：伏臥位休息から立位に移ったときによくみられる．立位の状態で，尾を少しあげ，背を弓なりに反らせる動作．

ウマ

① 身震い：全身を震わせて体表面についた異物をふるい落とす．吸血昆虫をはらいのけるときや砂浴びの後などにみられる．ウシと同様に「尾振り」も同時にみられることが多い．

② 舐める：ウマはおもに口唇ならびに四肢で身繕い行動を行う．頭部，頚部，体幹を舐めたり，噛んだり，ひっかいたりする．これらの行動は外部寄生虫の駆除や痛痒感の緩和のために行うものと考えられる．

③ 嚙　む：口唇が届く範囲を身繕いのために嚙む．

④ 掻　く：後肢で頭部を掻く．腹部や頸部を掻く場合もある．

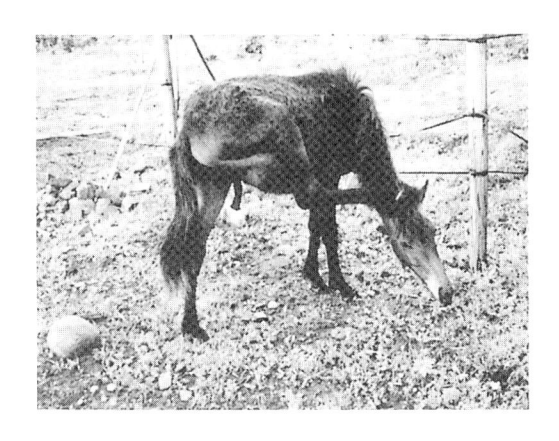

⑤ 擦りつけ：口唇や前肢，後肢で届かない部位は立木や柵などに擦りつける．

⑥ 伸　び：前肢をそろえ尻を挙上して伸びをする．

⑦ 砂浴び：砂地など湿り気の少ない場所などをみつけるとウマはその場で横になり，仰臥位で背を地面に擦りつける．1～2分で立ち上がる．

⑧ あくび：ウマは息を大きく吸い込んであくびをする．

ブタ

① 身震い：横臥位での休息を終え，立ち上がると同時に全身を揺らせてちりやほこりをはらう．頭部をぶるぶる震わせ耳がパタパタ音をたてることがよくみられる．

② 舐める，③ 噛む：ウシのように舌全体を使って体を舐めるという行動はあまりみられないが，口から舌先を少しだけ出して，押すように舐めたり噛んだりする．

④ 掻 く：立位で頭部を掻いたり，犬座位をとり，イヌのように後肢で脇腹のあたりを掻く．

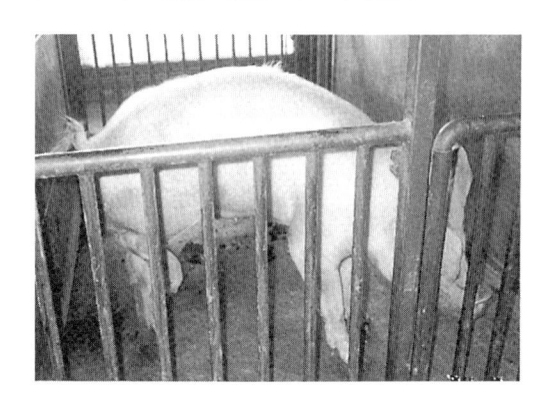

⑤ 擦りつけ：給餌器の角や，ストール・豚房の柵などで，体を揺らしながら肩や尻などの後肢の届かない部位を掻く．

⑥ 伸 び：休息や睡眠を終えて，立ち上がると同時に前肢を前に出して伸びをする．身震いと前後して発現することが多い．

⑦ 砂浴び：放飼下では，横臥位をとり，体を地面に擦りつけるように揺らして，砂を全身にかける．

ヤ ギ

① 身震い：胴部を震わせて，抜け毛，ごみ，水，吸血昆虫を除去する．吸血昆虫に対しては皮膚を震動させたり，尾，耳，頸，四肢を動かして追い払う．

② 舐める，③ 噛む：頸を曲げて肩，腹，腰，前・後肢を舌で舐めたり，歯で噛む．

④ 掻　く：後肢の蹄で頸部，頭部，腹部，前肢を掻く．有角ヤギは角で背部，腰部，後肢などを掻く．

⑤ 擦りつけ：木の幹や枝，草架，フェンスなどに体側部や頭部などを擦りつける．有角のオスは頭を上下に動かして，木の幹や枝などに角を繰り返し強く擦りつける．これは角腺分泌物によるニオイつけ行動とも考えられる．

⑥ 伸　び：腰を伸ばし，背を反らしながら顎を前上方に突き出す．起立直後にみられることが多い．

⑦ 砂浴び：裸地化した乾いた地面に横倒しになり砂浴びすることがある．欲求行動として両前肢で交互に前掻きを繰り返すため，放牧地では裸地が拡大する．

ヒツジ

① 身震い：伏臥位休息から立ち上がったあと，身体に付着したほこりやわらなどを振り落すかのように身震いすることがある．体に付着した飛来昆虫を取り除くため皮膚を震動させ身震いする．

② 舐める：自分の体のかゆい部分や汚れた部分，傷などを舐める．体をねじり口唇を舐める部位にくっつける．

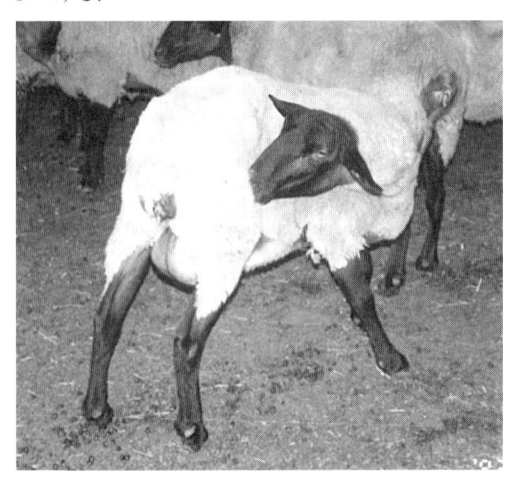

③ 噛　む：自分の体のかゆい部分を軽く噛む．舐める場合と同様に体をねじり口唇を噛む部位にもっていく．

④ 掻　く：後肢や角などで自らの体のかゆい部分などを掻く．頭部を後肢で掻く場合は首を曲げ頭部を後肢の方向へ曲げる．

⑤ 擦りつけ：口唇や前・後肢の届かない頭部や体側面を立木，柵，壁などの物に擦りつける．

⑥ 伸　び：伏臥位休息から立ち上がったときにみられる．立位で背および前後肢を伸ばす．

ニワトリ

① 身震い：砂浴び行動後の砂，あるいは雨など水分が羽毛に付着した場合，羽毛を立て全身を左右に震わせ，羽毛に付着した夾雑物をふるいとる．交尾後のメスの身震いもある．

② 羽ばたき：狭い場所から広い場所に移動した時などに，両翼をばたつかせ，羽の筋肉をほぐす運動をする．

③ 尾振り：尾羽を少し広げ，左右に振る．

④ 羽繕い：尾腺からの分泌脂を羽毛に塗ったり，羽毛中のふけ，夾雑物，ワクモ，ダニなどを嘴でつまみ出すことにより，羽毛の手入れを行う．

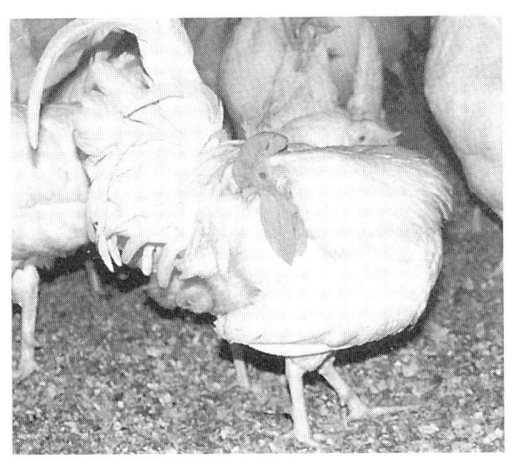

⑤ 頭掻き：片脚立ちの姿勢で，あしゆび（趾）の爪を使い，頭部を数回すばやく掻く．

⑥ 嘴とぎ：粘着性の強い飼料の摂取や，飲水直後の摂食により嘴に飼料が付着すると，これを給餌樋，ケージ，地面などにこすりつけて取り除く．あしゆび（趾）や爪で嘴をこすることもある．

⑦ 伸び：脚を後方へ伸ばしつつ，同時に主翼や尾羽を広げる．

⑧ 砂浴び：野外などにおいて，天気がよい日，伏臥位あるいは横臥位で，翼やあしゆび（趾）を使い砂などを全身にまぶす．ケージ内などで浴びる材料が存在しない場合には真空行動となる．

イ ヌ

① 身震い：立位の姿勢で全身を揺らす．頭部を震わせ，その後臀部を震わせることがある．飛び上がりながら身震いすることもある．

② 舐める：舌で舐めて身繕いをする．

③ 噛　む：切歯を使い，身繕いや痛痒感緩和のために軽く噛む．

④ 掻　く：後肢で頭部，腹部，頸部などを掻く．

⑤ 擦りつけ：口唇や前・後肢の届かない部分を周囲の物や地面に擦りつける．

⑥ 伸　び：前肢をそろえて，尻を上げる．後肢を伸ばし，頭部を前に突き出すことや，立位の状態で，背を弓なりに反らせることもある．発声を伴い，あくびと同時にみられることが多い．

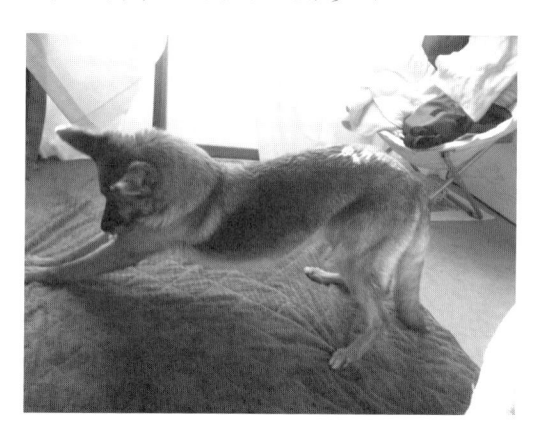

⑦ あくび：発声を伴うこともある．

ネ コ

① 身震い：立位の姿勢で全身を震わせる．四肢の先が汚れたり濡れたりした場合は，その肢先だけを振ることもある．

② 舐める：頭部や後頸部を除くほぼすべての体表部分を，多数の角化した舌乳頭（細かいトゲ状の突起）を有する舌で舐める．

③ 噛　む：掻痒感や毛のもつれがある部位，および爪を切歯により噛む．

④ 掻　く：体を曲げ，後肢を使って頭部や頸部を連続的に掻く．

⑤ 伸　び：前肢を交互に伸ばしたのち後肢を伸ばすか，もしくは立位の状態で背部を弓なりに曲げて突き出す．

⑥ あくび：眼を閉じ大きく口を開いて息を吐く．

⑦ 爪とぎ：前肢を交互に伸ばし臀部や後肢は踏んばりながら，水平面や垂直面に前肢の爪をひっかけては離す動作を繰り返す．前後にその場所のニオイを嗅ぐこともある．

クマ

① 身震い：全身を震わせて体表面についた異物をふるい落とす．

② 舐める：自分の体のかゆい部分や，汚れた部分などを舐める．

③ 嚙　む：自分の体のかゆい部分などを軽く嚙む．

④ 搔　く：前肢または後肢で自分の体を搔く．

⑤ 擦りつけ：立木，岩，壁などの物体に，尻など目的の部位を押し当てて，擦りつける．

⑥ 伸　び：休息や睡眠を終えて立ち上がるとき，前肢を前に出して伸びをする．

⑦ あくび：口を大きく開け，息を吸い込んであくびをする．

チンパンジー

① 毛繕い：前肢を使い体毛をより分けて寄生虫やその卵を取り除いたり，体についた汚れをとる行動．同様の動作で傷口の手入れをすることもある．

② 掻　く：かゆいときに皮膚をひっかいたり，毛繕いの最中や緊張した場面で，指先を使い体の各所を掻く．大げさな動作で腕全体を掻いたり，肩や脇腹をすばやくひっかくこともある．

③ あくび：一般には休息中によくみられるが，緊張した場面でも頻発する．

3.2.6　探査行動

動物が，飼育場所の移動や飼育管理機器の導入，あるいはヒトや他種動物の侵入などによって，未知の環境に遭遇したときに現す行動．動物は，刺激に対して，まず視覚，聴覚，嗅覚などの感覚器官を動員して定位し，必要に応じて移動を伴って，さらに触覚，味覚など他の感覚器官も用いて，その未知の物を調べる．これを探索行動と呼ぶものもいるが，探索とは「捜し求める」意であり，たとえば，空腹時に餌を捜し求めるなどの欲求行動を指すと考えられる．また，一部では探究行動とも呼ばれるが，探究とは「深く調べ究める」意で研究とほぼ同意であり，本書では探査行動と呼ぶこととする．一般に，この行動は警戒および神経の集中など，緊張を伴う．とくに，幼齢個体において探査行動がよくみられ，成長とともに多くの事柄を学習していくにつれて減少する．

なお，群編成を変化させたときなどにみられる他個体に対する同様の行動は，社会行動に含める．

ウ　シ

① 聴く・視る：聞き慣れない物音がしたときや見慣れない対象物が接近してきたときなどに，耳をそばだてて，その方向を見つめる動作．

② 嗅　ぐ：新奇な物体を見つけたときなどに，その物体に接近してニオイを嗅いで調べる．また，食草中はニオイを嗅ぎながら食べる草を選ぶ．とくに，牛糞落下部位の草をニオイによって避ける．

③ 触れる，④ 舐める：新奇な物体を嗅覚によって探査した後に続いてみられることが多く，鼻先で触れたり，舐めたりしてその物体を調べる．

⑤ 噛　む：新奇な物体，フェンス，柵などを飲み込むことなしに噛む．

ウマ

① 聴く・視る：頸を上げじっと対象物を注視する．左右の耳を独立にさかんに動かす．ウマは遠隔の事象に対しては視覚ならびに聴覚で，近隣の事象に対してはおもに嗅覚を用いて探査行動を行う．

② 嗅　ぐ：放牧地内の異物に対して頸を伸ばして鼻孔を近づけニオイを嗅ぐ．

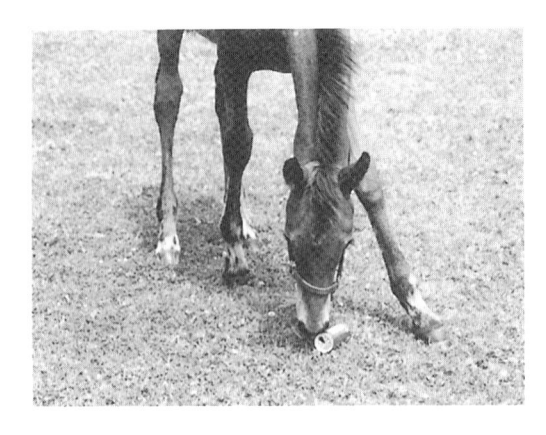

③ 触れる，④ 舐める：ウマは新奇な物体に対して口唇で触れたり舐めたりする．

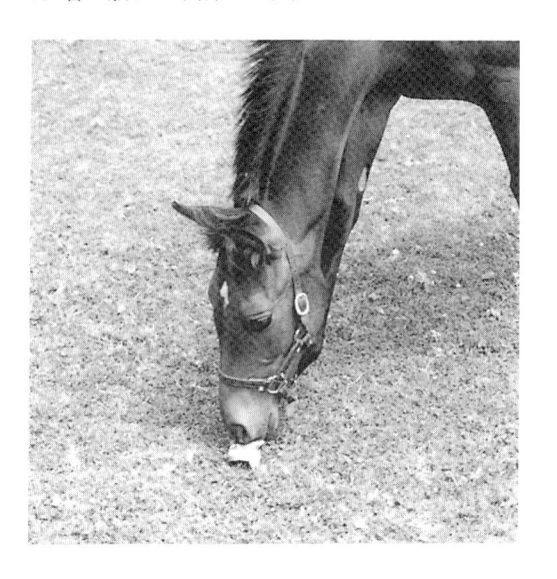

⑤ 噛　む：興味をひくものを噛んでみる．

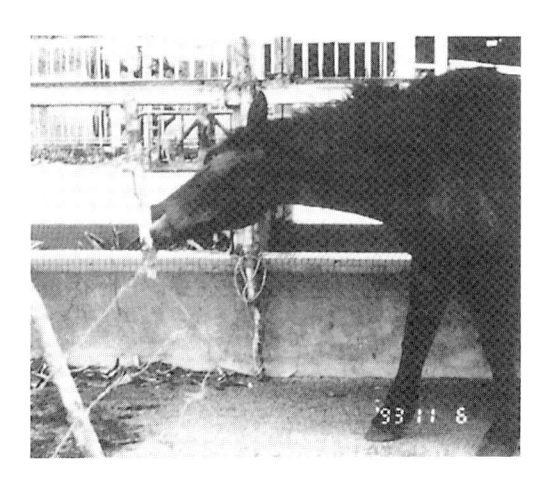

⑥ 掘　る：前肢で地面を掘ることで食物などを探す．写真のウマは雪を掘って食物を探している．

ブタ

① 聴く・視る：ブタの耳の形状は，品種により異なるが，耳の立っている大ヨークシャーなどでは，新奇な物体や音に対して気配をうかがいながら顔を定位し，直立させた耳を音源の方へ向ける．

② 嗅ぐ，③ 触れる：新しい豚房に入った直後など，その壁や柵など見慣れない物を鼻で触れると同時に，そのニオイも嗅ぐ．

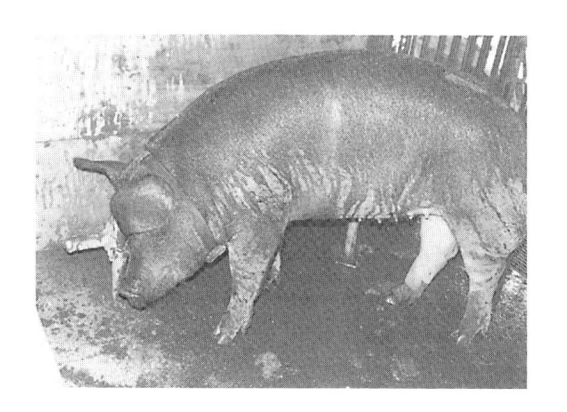

④ 舐める，⑤ 噛む：新奇な物体に対して，口を少し開け舌先を出し入れしながら，対象物を舐めたり噛んだりする．

⑥ ルーティング：ブタに特有の行動で，放牧したり，土の運動場で放飼すると，鼻先を土中にもぐりこませて，上へ突き上げるようにして掘り返す．

ヤギ

① 聴く・視る：対象物を注視し，耳を前方に向けて立てる．

② 嗅ぐ，③ 触れる，④ 舐める，⑤ 噛む：新奇な物体に鼻を近づけ，嗅いだり（フレーメンが続いて起こる場合もある），鼻先で触れたり，舐めたり，噛んだりする．

ヒツジ

① 聴く・視る：聞き慣れない音や見慣れない物体，環境に対して顔面を対象に向けて耳をそばだて，見つめる動作．

② 嗅ぐ，③ 触れる，④ 舐める，⑤ 噛む：見慣れない物体に対して「聴く・視る」を行った後，接近して吻部を近づけその物体のニオイを嗅ぐ，吻部を接触させてみる，舐める，噛むといった動作を行う．

ニワトリ

① 聴く・視る：聞き慣れない物音や見慣れない対象物に対して警戒し，動きを一時止めて頭だけをときどき振り，頸を伸ばして，それに集中する．発声を伴うこともある．

② 地面掻き：野外での行動中，あしゆび（趾）や爪で地面を斜め後ろに2，3回掻く．摂取可能物を見つけた場合は摂食行動に移行する（写真の左側のニワトリ）．

③ つつき：飼料を嘴でより分けたり，摂取可能かどうかをつついてみる．

イ ヌ

① 聴く・視る：新奇な物音などに対して顔を定位し，耳を音源の方へ向ける．対象物を注視する．高周波帯の音への感受性に優れている．

② 嗅 ぐ：新奇な物体に鼻を近づけてニオイを嗅ぐ．

③ 触れる：新奇な物体に鼻先で触れる．

④ 舐める：新奇な物体に対して，対象物を舐めることがある．

⑤ 噛 む：新奇な物体に対して，対象物を噛むことがある．

⑥ 掘 る：両前肢を交互に動かして地面を掘る．両前肢を同時に動かして，掘ることもある．探査のみならず，体温調節行動としても発現する．

ネ コ

① 聴く・視る：新奇な物音などに対して顔を定位し，耳を音源の方へ向ける．対象物を注視する．高周波帯の音への感受性に優れている．

② 嗅 ぐ：新奇な物体に鼻を近づけてニオイを嗅ぐ．新奇な物体の近くで空中のニオイを嗅ぐこともある．

③ 触れる・たたく：新奇な物体に片方の前肢の先で触れたり，軽くたたいたりする．

④ 狭い場所に入る：袋状や箱状，筒状の物体の中をのぞきこんだり，中に入る．

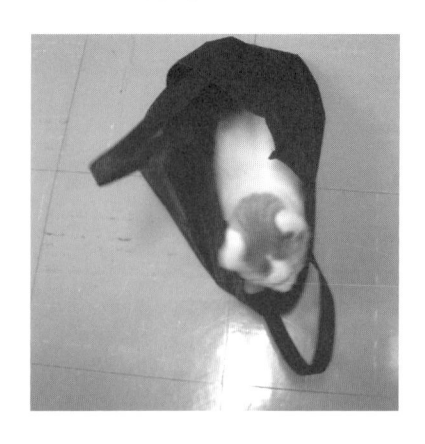

ク マ

① 聴く・視る：聞き慣れない物音がしたときや見慣れない対象物が接近してきたときなどに，直立させた耳を音源の方へ向け，見つめる．

② 嗅 ぐ：新奇な物体を見つけたときなどに，その物体に接近してニオイを嗅いで調べる．

③ 触れる：新奇な物体などに対して，前肢や鼻先で触れその物体を調べる．

④ 舐める，⑤ 噛む：新奇な物体などに対して，舌で舐めたり，噛んだりしてその物体を調べる．

⑥ 掘　る：土の放飼場などで，前肢で地面を掘り返し，穴を掘る．

チンパンジー

① 視　る：対象に接近して顔を寄せて注視する．のぞきこみと同様に，数 cm まで近づいてよく見ようとする．

② 嗅　ぐ：対象に鼻を寄せたり，指先でさわってその指先を鼻にもっていきニオイを嗅ぐ．おもに探査の場面で出現する．

③ 触れる：指先あるいは足先で触れて物を探査すること．対象はさまざまで，新奇な物に触れるときは，ゆっくりまたはすばやくなり，とくに慎重になる．

④ 舐める：採食の場面で，食物の表面を舐めることがある．物の探査でも舌先をつけて軽く舐めて調べたりする．写真は，樹皮を食べているところ．樹皮を噛んではがし，内側の繊維を歯で削いで食べる．その合間に繊維や樹液を舐めとる．

⑤ 吸　う：飼育下では呼気を制御して，食物を取り出すときにも出現する．写真は給餌器の中の大豆を取り出すために，息を入れたり，吸ったりしているところ．

3.2.7　個体遊戯行動

動物が，おもに幼齢期において，明確な脈絡や欲求の一定の順序を欠き，その機能も直接的には明らかでなく発現させる一連の行動のうち，とくに単独で行う行動．この行動は，自身の楽しみあるいは愉快なこととして経験するようにみえ，遊ぶこと自体が目的といったような，それ自身の動機づけシステムをもつ行動とも考えられる．遊びは，それを通じて適応的行動における柔軟性を発達させるとともに，体および脳の発育を促進させ，運動能力の発達の基礎となるといわれている．健康な幼齢個体ほどよく遊び，逆に遊びの少ない幼齢個体は，健康不良の指標の一つとなる．

遊びには，個体遊戯のほか，他個体とともに行う社会的遊戯（3.3.5項参照）がある．なお，ウシやヒツジにおいて，通常の摂食行動パターンとは異なる少量の摂取や，ニワトリにおける実際の摂取を伴わない飼料ついばみ行動を「遊びの採食」とも呼んでいるが，これらは一部を除いて，ここでいう遊戯とは機能が異なる．また，ウシなどにおいてみられる「舌遊び」も，後述（3.6節「異常行動」を参照）のように，ここでいう遊戯ではない．

ウ　シ

① 物を動かす：枯れ枝，雑草の枯れ茎，牧柵に結んである紐など身辺にある種々の対象物を鼻，頭，角，頸などで動かして遊ぶ．

② 跳ね回る：尾をあげ，体をくねらせながら飛び跳ねる．

ウ マ

① 物を動かす：放牧地に落ちていた小枝など，身近にあるものを前肢で軽くたたいたり，口でくわえたりして動かしてみることがある．

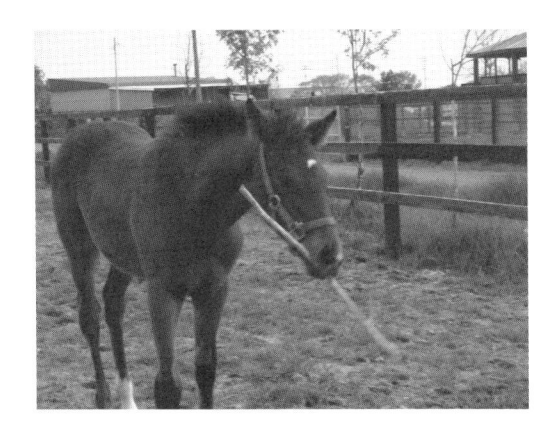

② 跳ね回る：とくに幼齢個体においてみられる行動で，尾をあげて飛び跳ねる．

ブ タ

① 物を動かす：豚房にボールなどの小物体を入れると，それを鼻先で押しながら転がす動作を繰り返す．

② 跳ね回る：とくに幼齢個体においてみられる行動で，単飼されていても突発的に跳ね回ることがある．

ヤギ

① 物を動かす：枯れ枝などの物体をくわえて短い距離を運んだり，頭，口，鼻あるいは前肢で動かす．

② 跳ね回る：幼齢個体で多くみられ，体をくねらせながら飛び跳ねたり，走り回ったり，急旋回したりする．

③ 物に登る：台などに登ったり降りたりを繰り返す．高さ2mくらいまでの樹木にも登る．

ヒツジ

① 物を動かす：ぶら下がっているものや動かしやすいものを吻部，角，頭，頸などでつついて動かす動作を繰り返す．

② 跳ね回る：幼齢個体や若い個体に多くみられる．尾をあげて体をくねらせ，飛び跳ねたり，走り回ったりする．

③ 物に登る：「跳ね回る」行動と組み合わさって起こることが多い．幼齢個体に多くみられる．餌箱の上や切り株などの上に登る．母ヒツジの背中に登ることもよくみられるが，これは母子行動の一つに分類した．

ニワトリ

ニワトリにおいては，個体遊戯に分類されるような行動はほとんどみられない．

イヌ

① 物を動かす：身近にあるものを鼻先で押したり，前肢で転がしたり，たたいたりすることがある．

④ 噛　む：身近にあるものを口でくわえたり噛むことがある．

② 走り回る，③ 跳ね回る：狭い場所から広い場所に移動した後などに，走り回る．突発的に体をくねらせながら跳ね回ることもある．

ネコ

① 物に触れる・動かす：物を片方の前肢で軽くたたいたり，突いて動かしたりして，動きを眼で追う．

③ 舐める：身近にあるものを舐める．

② 物を追う：前肢で突いたり押さえたりしながら，動く物体を追いかける．

③ 噛　む：前肢でとらえた物体に口元を近づけ，噛みつく．

④ 走り回る：夜間などに興奮して走り回る．その最中にジャンプをしたり，高い所に登ったりすることもある．体躯や尾の毛が逆立っていることが多い．

⑤ 物に登る：走り回る行動と組み合わさって起こることが多く，四肢の爪を立てることで垂直に近い面を登ることがある．高所にある狭い平面に乗り，周囲を見渡すこともある．

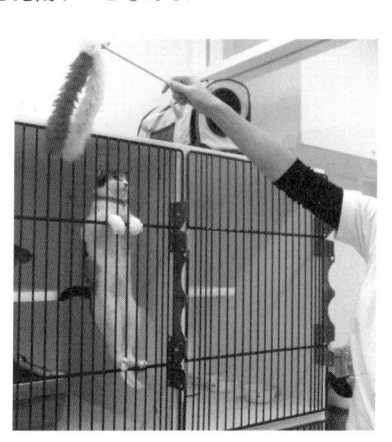

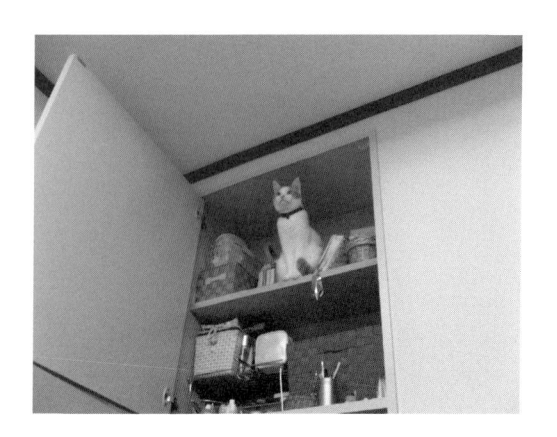

クマ

① 物を動かす：犬座位で丸太など種々の対象物を前肢で持ち上げたり，回転させたり，動かしたりする．背面を地面につけ仰向けになって，後肢のみ，あるいは四肢を使って同様に物を動かしたりする．

② 物に登る：木や擬木などに登ったり，降りたりする．前肢や四肢で木などにぶら下がることもある．

チンパンジー

① 擦りつけ：遊びの場面で出現する行動．床や壁面に腕や背中を左右に揺らしながらこすりつける．雨の後，濡れた床や壁に体をこすりつけて遊ぶこともある．その一方で，濡れた体を乾いた壁などにこすりつけることもある．

② 物遊び：ひとり遊びの場面で，転がす，振り回す，たたく，噛む，ねじる，踏むなどさまざまな物の操作が出現する．タオルを振り回したり噛んだりして遊んでいるところ．

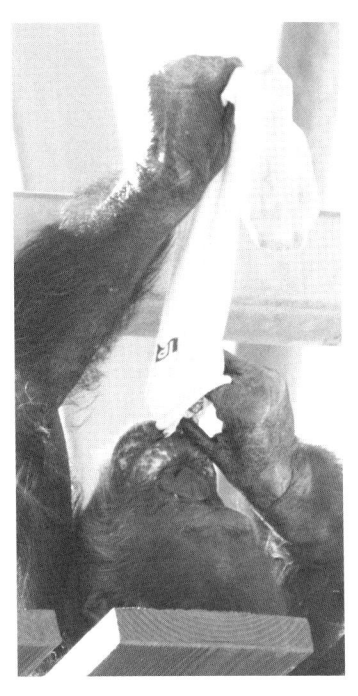

③ 運　搬：遊びの場面で木ぎれなどを持ち歩いたり，道具として使用する枝を運ぶことがある．飼育下では，遊具を与えたとき，気に入った物があるとときどき携帯する．

④ 旋　回：移動を伴うひとり遊びの一つで，子がよく行う．片足を軸にして，水平方向に回転する遊び．1回で終わることもあれば，何度も繰り返されることもある．

3.3　社　会　行　動

動物群内の個体間でみられる相互行動を社会行動といい，おもに相手の確認，敵対，親和，遊戯およびそれらの結果としての空間保持（すみわけ）の各行動からなる．これらは基本的に相手を認識するという学習を前提とする．それらの行動は，性的関係や母子関係とも密接に関連するがそれらは生殖行動として扱い，ここでは取り扱わない．

3.3.1　社会空間行動

群内の各個体が，ある特定の場所，もしくは個体相互間で特定の距離をおいて位置する行動をいう．前者にはなわばり行動があり，元来単独行動をとる動物がそれぞれの活動領域を決めて，その空間を占有して生活する行動をいうが，群居性のウシにおいてもある年齢に達したオスを比較的広い空間で群飼するとなわばり行動を示す．後者は，群内の各個体間には物理的にたがいにそれ以上近づかない距離，およびそれ以上離れない距離があるとする概念を基礎とする行動である．これらは複数の個体が同一の空間に存在することにより発生する社会的環境に対する行動適応の一種である．すなわち，群でいることの適応的意義から集合した各個体は，各個体同士がそれぞれの社会的環境として干渉しあうことに対して一定以上近づかないようにして適応する．たがいに一定以上近づかない行動を個体距離保持行動といい，一定以上離れない行動を社会距離保持行動という．

これら社会空間行動は，動物種，個体間の親密度，優劣順位，性的関係，母子関係などと関連し，また時系列により変化する．さらに，群構成頭数，飼養空間の面積，密度，形状に大きく影響され，その結果群内の安定度を変化させることから管理上重要な行動である．

ウ シ

① 個体距離保持：休息時や飲水時には食草時よりも牛群が集結するが，ある一定の個体間距離（1～2m）が維持されていることが多い．

② 社会距離保持：ウシは放牧地の中でまったくバラバラになるのでなく，ある程度群としてのまとまりを保ちながら牧区内を移動・食草する．食草時の牛群の広がりは草量，牧区面積などによって変化する．

③ 先導，④ 追従：食草しながらの移動は一列でない場合が多いが，食草後の水飲み場への移動，濃厚飼料の給餌に対する給餌場への移動では，一列になって移動することが多い．先導する個体は必ずしも一定していないが，隊列内の個体の位置は相対的に同じであることが多い．

⑤ 発声：群の位置を見失ったときや他個体を遠方に見出したときなど，鳴き声を発しながらそれらを捜したり，近づいたりすることが多い．

ウ マ

① 個体距離保持：食草時はたがいに1m以上の個体間距離を保つ．

② 社会距離保持：放牧地内で馬群は近接しあったり散開したりしながら移動しており，ランダムには分布しない．環境の変化を察知するとたがいに近接しあい小さくまとまる．馬群は放牧地で特定の個体同士が近接しあう場合が多く，また馬群の構成頭数が増加するといくつもの小集団に分かれることが多い．

⑤ ハーディング：自然環境下でハレム群のオスは頭を下げ，前方に伸ばす特有の姿勢で群をまとめるように歩き回る．同性の個体だけで構成されている群ではこの行動はみられない．

③ 先導，④ 追従：一頭が移動すると他個体も同方向への移動を開始する場合が多い．

ブタ

① 社会距離保持：比較的広い場所で放飼・群飼すると，ブタはその中で，ある程度のまとまりをつくって行動するようになり，休息場所なども各個体で決まってくる．

② 先導，③ 追従：屋外で群飼すると，新奇な物体やヒトに対して近づく場合などに，先導する個体と追従する個体がみられる．

④ 発　声：侵入者が豚房内に入ってきたときや，出荷などで搬出される際に，個体同士で鳴き声をあげて呼びあう行動がみられる．

ヤギ

① 個体距離保持：通常，他個体に対して1m前後の間隔を保持する．

狭い舎内では周辺部に位置し，たがいに視線をそらす．

② 社会距離保持：食草時にはほぼ同一方向に向かって一定距離以上たがいに離れずに集団で移動する．集団から離れた場合は急いで集団に合流する．

③ 先導，④ 追従：さまざまな場面での移動時にみられ，先頭を切る移動とその動きに従う移動がみられる．閉鎖群では先導者と追従者は固定する傾向にある．

⑤ 発　声：群構成個体が一定距離以上離れたとき，あるいは未知の個体が出現したとき，声を出す．

ヒツジ

① 個体距離保持：休息時などで群が比較的小さな面積にまとまったときでも各個体は他者とある一定の距離以下には近づかない．各個体はこの距離を保つように行動する．

② 社会距離保持：広大な放牧地でも各個体が放牧地一面にバラバラに分散せず，たがいの個体間距離を一定に保ち，あまり離れず摂食・移動を行う．上空から見ると扇形や涙形（洋梨形）に広がるという報告もある．

③ 先導，④ 追従：放牧地などでみられる摂食しながらの移動ではなく，牧区間の移動や羊舎–放牧地の移動などでは，1～3列程度になって移動する．移動隊列の中で各個体がある特定の位置を占める行動が観察される．

⑤ 発　声：群から離れた個体に対して群が，また離れた個体が群に対してまるで呼びかけるかのように発声する．

ニワトリ

① 個体距離保持：劣位の個体は優位な個体との距離を適度にとり，一定範囲以上は近づかない．品種や性別のほか，飼育密度や群の大きさなどが関与する．

② 社会距離保持：野生あるいは半野生下で飼育した場合，オスを中心におたがい離れすぎず群としての統一を保つ．舎内群飼の場合にも複数の群ができ，各群間においてもある距離が保たれる．

③ 先導，④ 追従：野外条件で小集団飼育されているニワトリで，生活場所を移動するような場合，最優位のオスが先頭になり群を導く．

⑤ 発　声：オスが自分のなわばりを示すために，夜明け頃に声を発する（クロウィング）．クロウィングとは別に，日中他個体と離れすぎた場合には，仲間を呼ぶために声を発する．

イヌ

① 個体距離保持：各個体間には適度な個体間距離が維持されている．その距離は各個体の年齢や性別，相手との関係，環境によって変動する．

② 社会距離保持：ドッグランなどの比較的広い空間において，各個体はある程度の距離を保つ．この社会距離には個体の年齢や性別のほか，敷地面積などが影響する．

③ 先導，④ 追従：一頭が移動すると他個体も同方向に移動を開始することが多い．

⑤ マーキング

1）尿散布：社会的刺激や嗅覚刺激に誘発されて起こる排尿で，オスでは尿マーキングの際に片方の肢を挙上することが多い．性成熟に伴ってオスで発現頻度が高まる性的二型性の明瞭な行動である．去勢により尿マーキングの頻度は一般に低下するが，去勢の時期によってその影響は異なる．通常の排尿と異なり1回あたりの尿量は少なく，場所を変え繰り返し排尿姿勢をとる．馴染みのないイヌの姿を認めたときなど，排尿はなく肢を挙上するディスプレイだけが認められることもある．発情メスのニオイを嗅ぐと尿マーキングの頻度は高まる．排尿後に地面を掻くことによって，ニオイをマーキングすると同時に地面に視覚的な痕跡を残すと考えられている．

2）糞放置：なわばりを示すだけでなく，排糞の際に肛門腺の内容物が排出されるため，個体識別に利用される．

ネ コ

① 個体距離保持：各個体間には，水平および垂直方向に適度な個体間距離が維持されている．その距離は各個体の年齢や性別，相手との関係，環境によって変動する．

② 社会距離保持：比較的広い空間において，各個体は水平および垂直方向にある程度の距離を保つ．この社会距離には，個体の年齢や性別，生殖状態，環境内のすみかや食料のような資源の分布などが影響する．

③ 先導，④ 追従：血縁関係のある親子や同腹子などは，親もしくは一個体が移動すると子あるいは他個体も同方向に移動を開始する．

⑤ 発 声：他個体やヒトと引き離された場合に，呼ぶように発声することがある．

⑥ マーキング

1）擦りつけ：新奇環境やなわばり周辺において，顔面周辺や体側部を目立つ物体に擦りつけることによりニオイづけをして存在を主張する．

2）爪とぎ：なわばり周辺や新奇環境において，柱や立木などの垂直面に前肢の爪とぎをして存在を主張する．

3) 尿散布：主としてなわばり範囲内において，目立つ物体に少量の尿をかけて自身の存在を主張する．マーキングのために尿を排出する場合は，立位のまま尾を垂直に立てて震わせ，後肢で軽く足踏みをしながら尿を後ろ側に向けて噴射することから，尿スプレーまたはスプレーと称される．オスが発情メスに出会ったり，環境に不安を感じた場合に尿スプレーの頻度が増える．

4) 糞放置：主としてなわばり範囲内において，排泄した糞を埋めずに放置することによって自身の存在を主張する．

クマ

① 個体距離保持：クマは基本的に単独生活者であるため，複数個体を同一飼育舎で飼育した場合も，一定の距離以下には近づかないことが多い．

3.3.2 社会的探査行動

普段の生活の中でもみられるが，とくに新たに群としたり，一定期間群から離した個体を群に戻したりすると，それぞれの個体同士で確認しあう行動がみられる．接近し，視覚，味覚，嗅覚，聴覚，触覚などにより，たがいに学習された社会的関係があるかどうかを確認する動作からなる．母子関係などのように比較的永続的で強く学習されている社会的関係が確認されれば，そのまま通常の行動に戻る場合が多い．まったく社会的関係が確立されてない個体同士でも探査行動だけで認識が完了する場合もあるが，どちらかの攻撃行動が開始され，闘争行動や追撃行動などがみられる場合もある．雌雄の場合は性的関係に関連した行動に移行することが多い．

群に新たな個体を導入すると，導入された個体は社会的探査行動とその場所に対する個体維持行動としての探査行動を示す一方，従来から群にいる個体は導入された個体に対して社会的探査行動を行う．人為的に群をつくる場合，これらの社会的探査行動はその後の群内の物理的相互作用に深く関連しているので注意深く観察する必要がある．

チンパンジー

① 追　従：前を移動するチンパンジーの後を追っていく行動．親和的交渉の中でみられる遊びの追従，緊張を伴う攻撃的追従の2タイプがある．

ウシ

① 聴く・視る：群内におけるある特定の個体の存在や位置を確認するときに視覚・聴覚が用いられる．

② 嗅ぐ，③ 触れる，④ 舐める，⑤ 噛む：未知の個体を群に編入したときによくみられ，まわりのウシが未知の個体のニオイを嗅ぐことが多い．ニオイ嗅ぎのときに舐める動作やフレーメンを伴うこともある．

② 嗅　ぐ：個体同士が出会った場合，おもに嗅覚を用いて，頭部からはじまり頸，体幹，泌尿生殖器へと探査行動を行う．個体間の社会的順位が確立していない場合にはその後，敵対行動に移る場合もある．

ウ　マ

① 聴く・視る：新しく導入された個体が存在するときなどには，さかんに視覚による探査を行う．写真では右側の個体が他個体間の敵対行動をじっとみつめている．

ブ　タ

① 聴く・視る：新規に導入された個体の鳴き声や行動を，耳と眼で追いかけ定位する．

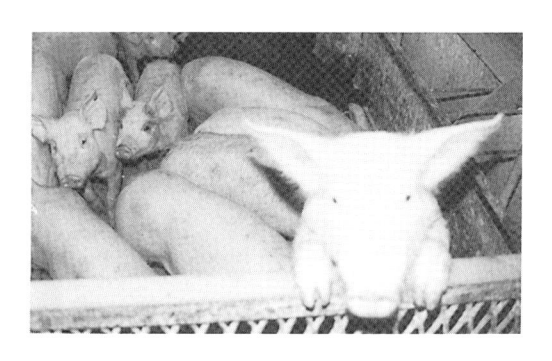

② 嗅ぐ，③ 触れる，④ 舐める：豚房内に，新しく個体が導入された場合，それに対して，声をあげながら，嗅いだり，鼻で触れたり，舐めたりする．

ヤギ

① 聴く・視る：離れたところに未知の個体をみつけると，耳を前方に向けて凝視する．

② 嗅ぐ，③ 触れる：未知の個体に出会うと，相手の体の各部のニオイを嗅いだり（フレーメンが続いて起こる場合もある），鼻で触れる．その後，敵対行動や性行動に移行することもある．

② 嗅ぐ，③ 触れる，④ 舐める：異なる群を一緒にしたり群に新たに個体を導入したりして，群内に見慣れない個体がいると，その個体に吻部を近づけニオイを嗅ぎ，接触し，舐める．

ニワトリ

① 聴く・視る：群編成が変化した場合など，見慣れない個体に対して注意を払う．頸を伸ばして定位する．

イヌ

① 聴く・視る：他個体の存在や位置を確認するときに用いられる．聴覚はおもに長距離の情報を，視覚は近距離の情報を得るときに用いる．

ヒツジ

① 聴く・視る：群に新たに導入した個体などに対して，耳をそばだてじっと注視する．

② 嗅ぐ，③ 触れる：個体同士が出会ったとき，嗅覚を用いて相手の情報を得ようとする．肛門周辺部，頭部，頸部など全身のニオイを嗅ぐ．嗅ぐときに，鼻を相手の体に押しあてて接触させることがある．

② 嗅ぐ，③触れる：個体同士が出会った際に，相手が威嚇せず友好的な視覚的サインを示していれば，たがいの顔面部を近づけてニオイを嗅ぐ．肛門周辺部のニオイを嗅ぐこともある．他個体が残した痕跡のニオイを嗅いだり，フレーメンをすることもある．

ネ コ

① 聴く・視る：他個体の存在や位置を確認するときに用いられる．

ク マ

① 聴く・視る：近づいてくる個体の存在や位置を確認するときに視覚・聴覚が用いられる．

② 嗅ぐ，③触れる：個体同士が出会ったとき，嗅いだり，鼻で触れたりして探査行動を行う場合がある．その後，敵対行動に移る場合もある．

チンパンジー

① 視　る：他のチンパンジーが持っている物，食べている食物，相手の口元などをじっと見つめる．相手のしていることをよく知るための探査のほか，物ごい行動として典型的に出現する．ごくまれに相手の食べている食物を入手できることがある．

② 触れる：相手の反応をうかがいながら頭などの体の一部にそっと触れる．出会いのときのあいさつ，闘争後の仲直りなどでみられる．優位の個体が劣位の個体をさわったり，その逆の場合もある．

③ 嚙　む：闘争後に仲直りするとき，口を開けてキスをしたり，様子をうかがいながら相手の体の一部を軽く嚙むことで，双方の緊張が解ける．

④ 巡　視：飼育下では運動場を数個体が連なって周回することがある．先導するものが後肢を踏みならすなどして移動を誘い，他のものがついてくるのを確認しながら移動することもある．野生では遊動域内のパトロールの機能を果たす．

3.3.3　敵対行動

「群」という社会環境では，日常的かつ不可避的に他個体との間に相互干渉が発生する．この場合に個体間の相互干渉が致命的な闘争行動に発展しないようにたがいの力関係を相互に認識し，優劣関係を学習する．敵対行動はこの学習の過程もしくは学習の強化，再確認に関連する行動である．したがって，敵対行動自体は群飼下の動物で普通にみられるものであり，一概に群管理上の問題点とするべき行動ではない．

敵対行動には個体がたがいに攻撃しあう闘争行動，優位の個体が劣位の個体に物理的攻撃を行う攻撃行動，優位の個体の威嚇という攻撃模倣と劣位の個体の服従・逃避といういわば儀式化された行動，および優位個体の存在そのものを避ける回避行動などがみられる．個体間の力関係はこの順番で学習され，発展していくものと考えられる．敵対行動のうち，闘争や攻撃行動など実際に個体が肉体的に接触しあうものを物理的敵対行動，威嚇や逃避・回避など接触がない，より発展した形の敵対行動を非物理的敵対行動として，両者の比率を群の社会的安定度の指標とする場合がある．

敵対行動の総数や闘争行動，物理的および非物理的敵対行動の頻度は，群形成の経過時間，飼養面積，群構成頭数，施設のデザイン，飼料給与水準などにより変化し，闘争行動や物理的敵対行動が増加するような飼養環境では生産は低下する．また，家畜種により敵対行動の様相は異なり，ウシのように飼料摂食時とそれ以外の状況では同じ個体間でも敵対行動の様相が異なるもの，ウマのように優位個体の摂取行動時には劣位個体は飼槽に近づけないほど峻厳な関係が示されるもの，ブタやニワトリのように劣位個体に対する攻撃がしばしば物理的ダメージもしくは死亡に至るものなどがある．

群内の個体をその優位・劣位の関係に従って順位づけ，優劣順位もしくは社会的順位ということがある．20世紀前半にニワトリにおける「つつき順位」が報告されて以来，一般化した概念であるが，ニワトリでみられるような完全に近い直線型の順位構造は哺乳動物では明確に観察されないことが多い．

ウ　シ

① にらみ（誇示）：とくにオスで多くみられ，半身になり頭を下げ，顎を引き，上目ににらむ．顎の引きが強いほど角の向きが地面に平行で前方に向かい，誇示の程度は強いと考えられる．

② 前掻き（誇示）：前肢で地面を掻き，土を背などにかける．穴ができる．

③ 土擦り（誇示）：頸，頭，角を土に削るように擦りつける．

④ 頭振り（威嚇）：社会的順位の高いウシが順位の低いウシを追い払うときなどにみられ，頭を振る動作で，相手の体への接触を伴わない．

⑤ 頭突き押し（攻撃）：社会的順位の高いウシは，順位の低いウシが自分の前を横切ろうとしたり，ある距離以内に接近してくると，角または頭を打ちつけて追い払う．

⑥ 闘　争：たがいに向きあい，頭を下げ，頭や角を突きあわせて押しあう動作で，どちらか一方が後ろに押されて逃避すると，押しあいが終わる．

⑦ 追　撃：優位のウシが逃避する劣位のウシを追いかけ，さらに攻撃を続ける．

⑧ 逃　避：社会的順位の低いウシが順位の高いウシの攻撃または威嚇に対してその場から逃げ出す．

⑨ 回避：社会的順位の低いウシが順位の高いウシの威嚇などで攻撃をあらかじめ察知し，物理的攻撃を受ける前に逃げる．

⑩ 蹴り（防御）：順位の低い個体が高い個体へ攻撃する場合に後肢で蹴る．

ウ マ

① 耳伏せ（威嚇）：ウマは他個体を威嚇する際には必ず耳を頭部に密着させる．劣位の個体は，ふつうその表情を見ただけで逃避する．

② 歯みせ（威嚇）：威嚇の激しさの程度が増すと頸を伸ばし，歯をみせる．実際に咬みつく場合もある．

③ 咬む（攻撃）：激しい闘争行動の際には相互の咬みあいがみられる．また優位個体が，威嚇に対し回避しない個体を咬むこともある．

④ 闘争：前肢を咬みあったり，立ち上がって前肢でたたきあったりして闘争する．

⑤ 追撃：逃避した個体をさらに攻撃しようと追跡する．

⑥ 逃　避：写真では中央の個体の威嚇に対して右側の個体が走って逃げている．

⑦ 回　避：右側の個体が威嚇を回避しようとして頭を曲げている．

⑧ 蹴り（防御）：攻撃を受けた個体が相手を蹴っている．後肢で蹴るのは防御を目的とする場合が多い．

⑨ スナッピング：威嚇された個体がその相手に対して口を開閉してみせる表情で，若いウマでしばしばみられる．優位個体の攻撃行動を抑える機能をもつとされている．吸乳行動が転位したものといわれる．

ブ　タ

① 泡ふき（誇示）：闘争前に，歯を擦りあわせて口で音をたてるとともに，口中から泡をふいて強さを誇示する．

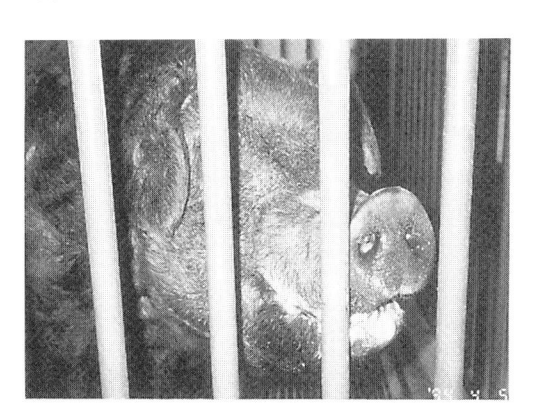

② 頭振り（威嚇）：社会的順位の高い個体は，頭を振ったりするだけで，相手の体に直接触れず威嚇し，劣位個体の餌などを奪うことができる．

③ 牙振り（攻撃）：オスは，顔を下から突き上げるようにして，牙を相手の脇腹などに振り上げる．

④ 頭突き押し（攻撃）：他個体の脇腹などを頭で突き上げるようにして押す．

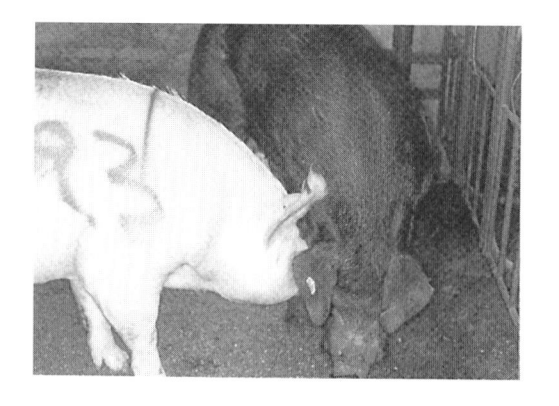

⑤ 咬む（攻撃）：頭突き押しとともに，他個体の首筋や後躯に咬みついたりもする．

⑥ 闘　争：オス同士の闘争．顔と顔を交差させるようにして組み合わせて戦う．2頭は頭を中心に回転しながら，闘争を続ける．

⑦ 追　撃：逃げた攻撃相手を追跡し，さらに攻撃を加える．

⑧ 逃　避：社会的順位の低い個体は，優位個体の攻撃や威嚇に対して逃げ出す．

⑨ 回　避：社会的順位の高い個体の攻撃や威嚇を受ける前に他の場所へ移動する．

ヤ　ギ

① にらみ（誇示）：顎を引いて角または頭を相手に向ける．

② 頭振り（威嚇）：頸をひねるようにして角または頭を上下，左右に振る．うなり声を上げることもある．

③ 頭突き押し（攻撃）：頭または角で相手の体を押したり，突進して頭突きする．

④ 咬む（攻撃）：メスではとくに相手の耳への咬みつきがみられる．

⑤ リアクラッシュ（闘争）：向かいあった一方が後肢で立ち上がり，全体重をかけて振り下ろしざまに角または頭を相手に打ちつける．相手は角または頭でこれを受ける．

⑥ 闘　争：たがいに相対し双方同時に頭を下げて角または頭を何度もぶつけあい，続いて押しあう（スパーリング）．

角をからめてたがいに相手をねじ伏せようと相手の頭部を下方に押しつけてぐるぐる回る（ヘッドレスリング）．

⑦ 追撃, ⑧ 逃避：逃避した相手をときには10m以上追撃することがある.

⑨ 回　避：優位個体の接近, 攻撃をあらかじめ避けて移動する.

ヒツジ
① 地たたき（誇示）：向かいあった個体に自分を誇示するため前肢の片方で繰り返し地面をたたく.
② 前掻き（誇示）：前肢の片方で繰り返し地面を前後に掻き, 相手に自分を誇示する.
③ 頭振り（威嚇）：敵対的な状況の中で向かいあう個体同士が頭部を下や前方に鋭く振り, 相手を威嚇する. おもにオス同士でみられる.

④ 頭突き押し（攻撃）：飼槽の前などで優位個体が劣位個体を押しのけるため頭部で横腹や腰部を打つ, もしくは押す.

⑤ 闘　争：一般にオスでみられ, 2頭が3～10m離れて向かいあい, 勢いをつけて角の基部でぶつかりあう. その後どちらかが逃げ出すか再び闘争を開始するまで, 直面して立ちにらみあう.

⑥ 追　撃：優位の個体が劣位の逃避する個体を追いかけて, さらに攻撃を加える.
⑦ 逃　避：闘争に負けた場合や, 優位個体の威嚇や頭突き押しを受けた劣位個体が優位個体から遠ざかる.
⑧ 回　避：威嚇や頭突き押しなどされなくても, 劣位個体が優位個体を避けて回避する.

ニワトリ

① 羽ばたき（誇示）：他個体の前で両翼を大きく広げ，前後あるいは上下に振り，体を通常より大きくみせる．

② 気取り歩き（誇示）：オスが自分の優位を示すために，他個体の前で地面を踏みしめるように歩く，あるいは，両脚をそろえて少しジャンプするように進む．

③ 威　嚇：2羽が向きあい，両翼を少し広げ，頭を高く伸ばし頸の毛を立て，鏡に写った姿のように頭と頭をたがいに追従させ，にらみあいけん制しあう．一方が逃避しない場合には闘争に発展する．

④ つつき（攻撃）：自分の優位を示すために，他個体の鶏冠などを嘴で挟み，少しひねりを入れながらひっぱる，あるいは激しく突く．

⑤ 蹴り（攻撃）：相手より高く跳び上がり，けづめ（距）あるいは爪で相手の体の一部を掻く，裂く，刺す，突き飛ばすなどする．

⑥ 闘　争：主として社会的順位が定まっていない個体の間の優劣順位決定のための争いで，2個体間で攻撃，威嚇が繰り返され，一方が逃避するなど事態が変化するまで続く．

⑦ 追　撃：優位の個体が逃避する劣位の個体を追いかけ，さらに攻撃を続ける．

⑧ 逃　避：社会的順位の低い個体が優位の個体による攻撃または威嚇に対しその場から逃げ出す．

⑨ 回　避：誇示行動に直面したときなど，劣位の個体が優位の個体からの威嚇あるいは攻撃をあらかじめ察知し，それらを避ける．

イ　ヌ

① 歯を剥き出す（威嚇）：口は閉じたままか半開きの状態で，口唇を引き，歯を剥き出す．低くうなるような発声を伴うことがある．

② うなる（威嚇）：威嚇するために，低く喉をならすようにうなる．流涎をしながらうなることもある．歯を剥き出す前の一段階としてうなることもある．

③ 咬む（攻撃）：威嚇しても相手の行動に変化がみられない場合に，咬みつくことがある．咬みつきながら首を左右に激しく振る．相手の上に覆いかぶさるようにしながら咬みつく．威嚇行動なしに咬みつくようにみえることもあるが，この場合は威嚇行動の持続時間が非常に短く，相手にも威嚇行動が気づかれない可能性がある．

④ 闘　争：低くうなり，たがいににらみあう．咬みつくこともある．

⑤ 威　嚇：劣位個体が恐怖によって威嚇するときは，腰を下げ，尾を下げるか後肢の間に挟み，口唇を後ろに引き低くうなって威嚇する．優位個体が威嚇するときは，尾を上げ，口唇を浅く後ろに引き低くうなって威嚇する．

⑥ 追　撃：逃避する個体をさらに攻撃しようと追いかける．

⑦ 逃　避：社会的に劣位の個体は，優位の個体の攻撃や威嚇に対して逃げる．

⑧ 回　避：相手の攻撃を察知して，攻撃を受ける前に移動する．

⑨ 服　従：社会的に劣位の個体は，優位の個体に対して頭を下げ，体を低くして耳を伏せて体全体をより小さく見せようとする．このような行動は座位ならびに立位で認められ，舌舐めずりをすることもある．また，相手を上目づかいに見上げたり，視線を逸らす．尾は低く下げるか腹の下に巻き込む．このときに尾を振ることもある（能動的服従）．

また仰向けになり，後肢を開き陰部を露出することもある（受動的服従）．このときに尿を漏らすこともある．

ネ　コ

① 凝視（威嚇）：体を弓なりにする，耳を横向きにする，といった威嚇の姿勢をとりながら，相手個体を凝視する．

② うなる（威嚇）：威嚇するために，口をほぼ閉じた状態で低く喉を鳴らすようにうなる．続けて大声を出すこともある．

③ 喉からの発声（威嚇）：口を大きく開いた状態で，喉の奥から息を強く吐き出し，シャーッ，カーッという音を出す．唾を飛ばすこともある．

④ 鳴きあい（威嚇）：個体同士が至近距離で静止しながら，相互に長く鳴きあう．発声が強く高い調子になると，取っ組みあいなどの直接的な攻撃に発展することがあるが，鳴きあいのみ行ってたがいに離れる場合もある．

⑤ 前肢でたたく・爪を立てる・引っ掻く（攻撃）：爪を出した状態で片方の前肢ですばやく相手の体の一部をたたき，すぐに引っ込める．威嚇の場合は爪を出さずにたたくだけの場合もあるが，闘争状態になると両前肢の爪で相手の体を捕捉したり，引っ掻いて傷を負わせる．

⑥ 後肢で蹴る（攻撃）：横臥位や仰臥位で，後肢の先を相手に向け爪を出した状態で蹴り，傷を負わせる．

⑦ 咬む（攻撃）：威嚇しても相手の行動に変化がみられない場合に，咬みつくことがある．相手個体の顔面や頸部，肩などに咬みつくことが多く，取っ組みあいと同時に起こりやすい．

⑧ 闘 争：相手にジャンプして飛びかかったり，取っ組みあいをしながら転がったり，咬みつく．

⑨ 追 撃：逃避する個体をさらに攻撃しようと追いかける．

⑩ 逃 避：社会的に劣位な個体や，他個体のなわばりに侵入した個体は，優位な個体や居住個体の攻撃や威嚇にあうと逃げる．

⑪ 回 避：相手の攻撃を察知して，攻撃を受ける前に移動する．

クマ

① にらみ（誇示）：頭を下げ，上目ににらむ．

② 口を開ける（威嚇）：相手の目の前で，口を大きく開ける．相手の体への接触を伴わない．この際，うなり声を発する場合が多い．

③ 咬む（攻撃）：激しい闘争行動の際には相互の咬みあいがみられる．また，威嚇に対し回避しない個体を咬むこともある．

④ 前肢でたたく（攻撃）：相手の頭部や体をたたく．

⑤ 闘　争：咬みあったり，立ち上がって前肢でたたきあったりして闘争する．

⑥ 追　撃：逃避した個体をさらに攻撃しようと追跡する．

⑦ 逃　避：攻撃や威嚇に対してその場から逃げ出す．

⑧ 回　避：他個体の接近，威嚇，攻撃を避けて，移動する．

チンパンジー

① ディスプレイ（誇示）：毛を逆立て，肩をいからせて大きく見せながら走ったり，飛び跳ねたりして自己を誇示する．この際に，物を投げたり，木の幹や自身の体をたたいたり，木の枝を揺らすなどして騒ぎ立てる．ディスプレイの際に攻撃を受ける個体もいる．

② パントフート（誇示）：唇を尖らせて，フー・ホーという音声を連発する．しばしば毛を逆立て，体を左右や前後に揺する行動を伴う．ディスプレイのときに発せられるほか，遠く離れた個体間で交わすこともある．

③ 踏む（誇示）：スタンピング．その場に立って，あるいは走りながらペタ・ペタと後肢で地面を踏み鳴らす．しばしば，毛が逆立ち，体を前後左右に揺する．

④ 凝視（威嚇）：緊張した場面で，相手を威嚇するような目つきで凝視する．優位な個体ににらまれると，劣位の個体は自由に行動することができなくなり，悲鳴を上げたり，逃避することもある．

⑤ 揺らす（威嚇）：二足で立ちながら，物を揺らして大きな物音を立てる．野生では枝ゆすりとして典型的に出現する．飼育下では吊してあるタイヤ，鎖，ロープを勢いよく揺らす．

⑥ 突進（威嚇）：相手に勢いよく走り寄る．威嚇のみで終わる場合もあるが，相手が避けなかったときにはたたく，咬むなどの直接的な攻撃に移行することがある．

⑦ 握る（攻撃）：直接的な攻撃の一つ．前肢で相手の体の一部を強く握る．相手が逃げると爪を立ててひっかく行動に変化する．咬む，たたく，蹴るなど，さらなる攻撃が続くこともある．

⑧ 平手打ち（攻撃）：直接的な攻撃の一つだが，ディスプレイや遊びの場面でも出現する．片前肢でたたくときと，両前肢でたたくときの両方がある．対象は他のチンパンジーのときもあれば，地面や木をたたくこともある．

⑨ 咬む（攻撃）：真の攻撃的咬み行動はもっとも直接的な攻撃の一つ．しばしば出血を伴うケガとなる．オスは大きな犬歯をもち，オス同士が咬みあう闘争では重傷を負うこともある．

⑪ 尻向け：優劣をはっきり示す場面で，劣位のものが優位のものに尻を向ける．闘争の後，優位個体がプレゼンティングしている劣位個体の体に触れることで緊張は軽減するが，無視すると劣位のものはかんしゃくを起こして鳴くこともある．

⑩ 回避：攻撃的交渉において身を守るために距離をとる行動．毛を逆立て，ディスプレイをしているオスからメスが距離をおくように移動しているところ．

3.3.4 親和行動

群内の個体間でみられる相互の親和度の認識に関係する行動で，体の擦りつけあい，舐めあい，噛みあい，羽の下へのもぐり込み，などの動作で示される．これらの動作は親子間の世話行動，性行動にもみられるが，それ以外にも群内の個体間の攻撃的な相互作用を抑制する行動としてみられる．個体の身繕い行動の発展形と思われ，親和行動自体が外部寄生虫の付着を減らすという報告や親和行動を示される個体ほど生産性が高かったとする報告もある．また，群と群を合わせて一群とした場合，もとの群に所属する個体間では親和行動が多くみられ，同時にその個体間での攻撃行動は少なかったとする報告もある．したがって，群内の親和行動の頻度は敵対行動と同様に群の社会的安定度の指標とすることができる．

ウ シ

① 接　触：立位または伏臥位で，たがいに体を接触させ，寄り添う．また，鼻と鼻など体の一部を接触させたりすることもある．

② 擦りつけ：自分の体，とくに顔部，頭部，頸部などを他のウシの体に擦りつける．

③ 舐める：仲間の体を舐める．立位休息時によくみられ，舐める部位は，顔部，頭部，頸部，背部，尻部などが多い．飛節より下の四肢部分への舐めはきわめて少ない．

ウ マ

① 相互グルーミング：ウマの相互グルーミングは2頭が反対方向に向かい平行して立ち，たてがみの生え際，き甲，背部を舐めたり，噛んだりしあうという形式をとる．3〜5分程度継続するのが普通だが，まれに20分以上に及ぶこともある．

ブ タ

① 接　触：群飼時における休息時には，各個体が横臥位をとりながら，横一列に密着して並ぶ．

② 擦りつけ：群飼した場合に，個体同士が寄り集まって体の各部を擦りあう行動がみられる．

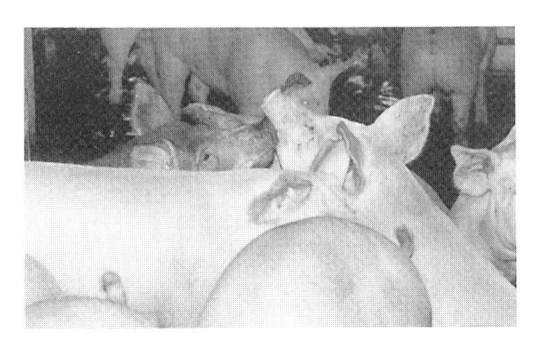

③ 舐める，④ 噛む：舌先を口から少しだけ出して，他個体を押すようにしながら舐める．また，攻撃行動にみられる咬み方ではなく，他個体の体を愛撫するように弱く噛む．

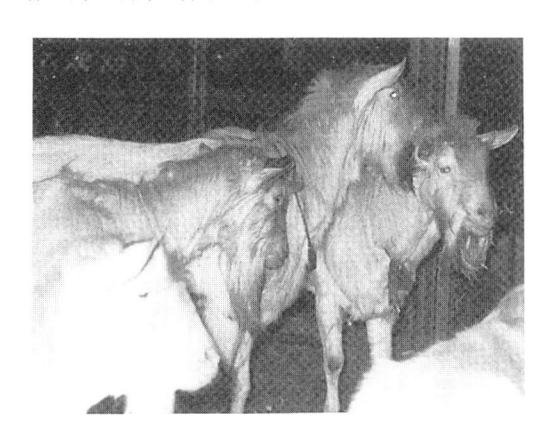

ヒツジ

① 接　触：立位もしくは伏臥位で個体同士が体の一部を接触しあい，寄り添う．休息時や睡眠時，反芻時にみられる．

② 舐める：他個体の頭部や体各部を舐める．休息時にみられるが，片方が伏臥位であったり立位であったりする．

ニワトリ

① つつき：攻撃としてのつつきと異なり，侵害性がなく，羽繕いに似る動作．

イヌ

① 接　触：立位や伏臥位，座位，横臥位などでたがいの体の一部分を接触させる．

ヤギ

① 接　触：舎飼時には同性の成畜同士で接触しての伏臥・横臥がみられる．

② 擦りつけ：他個体の体側部などに頭，頸部をゆっくりと繰り返し擦りつける．成畜でまれに他個体の角に頭部を擦りつけることがある．

3. 行動のレパートリー

② 噛 む：相手の体を軽く噛む．

③ 擦りつけ：自分の体をくねらせながら，相手の体に擦りつける．

④ 舐める：相手の体を舐める．

ネ コ

① 接 触：立位や伏臥位，座位，横臥位などで，たがいの体の一部分を接触させる．ヒトに対しても行う．

② 擦りつけ：自分の体の一部，とくに顔面や頭部，体側部を他個体に対して擦りつける．ヒトに対しても行う．

③ 舐める：他個体の体を舐める．舐める部位は顔面，頭部，頸部が多い．

④ 発 声：他個体を呼ぶ．ヒトが声をかけるたびに鳴くこともある．

⑤ 喉鳴らし：他個体と親和的に接した際，喉を振動させて持続的な音を喉から発する．ヒトに対しても行う．

クマ

① 接　触：たがいに体を接触させ，寄り添う．また，鼻など体の一部を接触させることもある．

② 嚙　む：攻撃行動にみられる咬み方ではなく，他個体の体を愛撫するように弱く嚙む．

チンパンジー

① あいさつ：体を低くした姿勢で「オッ，オッ，オッ」とパントグラントを発しながら相手に接近する．頭を何度も上下させるお辞儀や，手を前に出して相手との接触を求める大きな身振りが伴うこともある．野生では離れていた個体が出会ったときに起こるが，飼育下では劣位の個体が優位の個体に接近する際に出現する．

② 乗　駕：マウンティング．闘争や緊張したときなどに優位な者が劣位の者に後ろから馬乗りに抱きつくことで，マウンティングする個体の腹が相手の背に接触する姿勢．これにより緊張の緩和，闘争の終了などに至る．

③ 覆い被さる（なだめ）：闘争，干渉，仲直りなど，攻撃的・親和的な場面の両方で出現する．優位なものが劣位なものに突進した後に，覆い被さることもある．相手に背後からもたれかかり，胸と相手の背をくっつけるマウンティング型があり，抱擁の一つ．

⑤ 相互グルーミング：複数個体がたがいにグルーミングすること．体毛を指先でかき分け，ゴミや寄生虫を取り除く行動．休息中によくみられるが，再会時のあいさつ，闘争後の仲直りの，さらには相手との友好関係を構築するときに出現することもある．飼育下では，過度なグルーミングやグルーミングに似た抜毛によって毛が薄くなることがある．

④ 抱　擁：2個体が向かいあって胸をつけるように抱きつくこと．腕を相手の背に回す．攻撃を受けた者が仲間のチンパンジーに抱きつくことで安心を得る．口を開いて，歯だけを剥き出しにするグリメイスの表情がしばしば伴う．

⑥ 身体接触：闘争の後，関係改善のために当事者間で交わす親和的交渉．手を伸ばし，接触を求める．恐怖を伴う場合，口を開いて歯だけを剥き出しにするグリメイスの表情を伴う．たがいの体に触れた後，相互グルーミングに発展することがある．

⑦ 噛　む：甘噛み，遊び，闘争後の仲直り，不安な場合に，たがいの体の一部をたがいに噛みあう行動がみられる．遊びの噛み行動から攻撃的咬み行動に変化することがある．

⑧ 干　渉：闘争している個体に接近して，闘争の継続を邪魔する一連の行動．方法はさまざまあり，闘争する2者の間に割って入る，近くでディスプレイなど激しい動きをして音を立てることもある．さらに直接的には一方をたたいたり，抱きついたりもする．遊びやグルーミング，性的交渉でもみられる．

3.3.5　社会的遊戯行動

群内の個体間で，とくに幼齢個体でみられる行動で，探査，敵対，親和など各社会行動や性行動などを模倣した行動である．上記各行動の機能はもたないものの，これらの行動のトレーニングもしくはその前過程といった意味合いも強いものと思われる．したがって幼齢時より同じ群で飼養されている個体間では遊戯行動としての闘争行動がそのまま優劣関係の確立につながる可能性が高い．ゆえに遊戯行動は優劣関係の学習の最初の過程であるといえ，この場合の個体間の優劣関係は激しい闘争行動を伴わず確立する．また，性行動を模倣した遊戯行動はその後の性行動の成功率を高める機能をもつ．このように遊戯行動はその後の社会行動，性行動を健全に発現させる機能を有すると思われ，とくに幼齢時の遊戯行動が抑制されるとこれらの行動の発現がスムースではない場合がある．

遊戯行動はこれら社会行動もしくは性行動を模倣する動作を含むが，模倣した行動がそれぞれ完全に分離していることはめずらしく，遊びの敵対行動，遊びの性行動，遊びの親和行動などが入り交じり，一連の遊戯行動においてそれぞれの動作が次々に出現することが多い．

ウ　シ

① 模擬闘争：子ウシ同士でよくみられ，たがいに向きあって，頭と頭で押しあって遊ぶ．

② 模擬乗駕：性成熟前の子ウシ同士が，相手の体に乗りかかって遊ぶ．乗駕の方向や位置は必ずしも正しくない．

② 追いかけあい：子ウマ同士が追いかけあう．この行動の前後で模擬闘争がみられる場合がある．

③ 追いかけあい：子ウシの間でよくみられ，尾をあげ，体をひねって跳躍しながら遊ぶ．

ブタ

① 模擬闘争，② 追いかけあい：子ブタは，たがいにじゃれあいや追いかけあいなどの行動から始めて，遊びの闘争を繰り返す．

ウマ

① 模擬闘争：子ウマや若ウマは複数の個体同士で立ちあがったり，前肢を嚙みあったりして遊ぶ．遊びはメスよりもオスの方が運動様式が激しく，また頻度も高いという性差が認められる．この性差は生後6か月齢以降かなり明白となる．

③ 模擬乗駕：子ブタでは，雌雄ともに，他個体に乗りかかり，そのまま乗駕様の行動へ移行するパターンがよくみられる．

ヤギ

① 模擬闘争：子ヤギで多くみられ，成畜の闘争と類似の動作をするが，うなり声は伴わない．闘争の結果としての敗走や逃避がみられない．前後に追いかけあいがみられる．

② 模擬乗駕：子ヤギの同性間，異性間で起こる．乗駕，被乗駕個体がしばしば交代する．交尾には至らない．前後に追いかけあいがみられる．

③ 追いかけあい：体をひねりながら跳躍し，走って並走したり，追跡しあう．

④ 背乗り：子ヤギが伏臥している母，成畜あるいはヒトの背に繰り返し乗り降りする．

ヒツジ

① 模擬闘争：子ヒツジ同士が頭を下げ，相手個体に対して突こうとしたり，押しあったりして遊ぶ．

② 模擬乗駕：性成熟前の子ヒツジが他の子ヒツジの背中に乗駕する．

ニワトリ

① 模擬乗駕：若いオスが若いメスに対して，性行動の一部を遊戯的に行い，頸羽を噛まずに頭部を噛む．

② 餌の取りあい：嘴より大きい好物の餌をたがいに奪いあう．一羽が比較的大きい餌をくわえていると，他個体が横取りしようとする．くわえている個体は回り込んで方向を変え，取られないようにする．嘴をゆるめ，地面に餌を落とした瞬間に他個体が横取る．これを数回繰り返す場合もある．

イ ヌ

① 模擬闘争：前肢や頸部を噛みあう，相手の身体を押さえつける，体を擦りつけたりして遊ぶ．犬歯を剥き出してうなり声をあげる，吠えるなど，攻撃のときと類似した発声を伴うことがある．

② 追いかけあい：走ったり並走したり，追跡しあう．

③ 模擬乗駕：同性間，異性間で生じる．乗駕の方向や位置は必ずしも正しくはない．

④ 遊びを誘うお辞儀（play-bow）：遊びを誘う．前肢を伸ばして，前躯を屈み込ませ，後躯を上げる．このときは尾を振っていることが多い．両前肢を勢いよく地面にたたきつける場合もある．発声を伴うことが多い．

⑤ 前肢の持ち上げ：遊びの誘因行動．同腹の個体やヒトに接近し，片方の前肢を持ち上げ，遊びを誘う．

⑥ 急激な接近・後退：追いかけあいへの誘因としての大げさな動作で接近したり後退する．

ネコ

① 模擬闘争：子ネコ同士において，前肢でたたく，後肢で蹴る，相手の体の一部に噛みつく，飛びつく，取っ組みあうなどの捕食様行動が多くみられる．性成熟以降も同居するネコ同士ではときどきみられる．母ネコや成獣が，子ネコを相手に自分の尾などを使って，捕食行動様の遊びをさせることもある．

② 追いかけあい：水平面を走ったり，垂直方向に登ったり，穴に隠れるなどしながら，複数個体で追いかけあう．途中で取っ組みあいや模擬闘争や，模擬乗駕がみられる場合もあるが，追う個体と追われる個体は入れ替わる．

③ 模擬乗駕：性成熟前の子ネコが，同性および異性の他個体に乗りかかる．

④ 寝転がり：遊びを誘う際に，メスネコの発情行動様の仰臥位となり相手を見る．

クマ

① 模擬闘争，② 追いかけあい：子グマは，たがいにじゃれあいや追いかけあいなどの，遊びの闘争を繰り返す．

チンパンジー

① 模擬闘争：移動を伴わない社会的遊戯．2個体以上で組みあい，たがいの体を軽く噛む，たたく，突くなどする．また双方が口を大きく開き，プレイフェイスを伴ってハッハッハッハッと笑い声を発することがある．幼齢や若齢個体間で頻繁にみられるが，成獣が参加することもある．

② 追いかけあい：遊びの追跡のこと．歩く場合と走る場合とがある．後ろのものが前を行くチンパンジーの後肢をとってひっぱりながら追いかけあいをすることもある．プレイフェイスで笑い声が伴う．

③ プレイフェイス：口を大きく開け，下顎が下がり，口角を後ろに引いた表情．ハッハッハッと笑い声が伴うことがある．遊びの場面で多く出現する．

3.4 生殖行動

生殖行動は自己の増殖に寄与する一連の行動を指し，受精に至るまでの雌雄の種々の行動で成り立つ性行動，ならびに子が母から独立して生活できるようになるまでの子の生存と成長にかかわる母子行動に大別できる．これらの行動は，きわめて定型的かつ種特異的なものであるが，経験や学習によってスキルの向上がみられる場合も多い．

3.4.1 性行動

性行動は受精を目的とした行動で，性的覚醒（性衝動，リビドー）に伴い発現する種特異的な性的誇示行動，性的探査行動，求愛行動，交尾行動，後行動から成り立っている．性行動の発現は種々の環境によって強く影響を受けるが，行動の形式は定型的で他の行動に比べ行動変容は認めにくい．

性行動が完結するためには雌雄の間で一連の刺激-反応連鎖が繰り返されねばならず，その成立のためにはとくにメスの発情が不可欠である．性行動が種特異的であり，交尾行動に至るまでに多かれ少なかれ定型的な行動のやりとりが行われることで，異種間での交尾を回避し，受精の確実性を増す適応的な意義があるものと考えられる．一連の性行動の中で，雌雄間では各種の感覚器官を通して情報の授受が行われている．発情中のメスで特異的にみられる不動姿勢は視覚的，触覚的（押しても動かない）にオスの性行動を強く刺激する．また多くの哺乳動物でみられる性行動中のオスによるフレーメンはメスの分泌物のニオイに対する反応だが，この行動は嗅覚機能を高める役割をもっていると考えられている．

メスがオスを許容する時期を発情期と呼ぶが，メスが妊娠しなければ一定の周期性をもって発情は繰り返される（発情周期）．多くの動物では発情期以外の時期にメスがオスを許容することはないが，この時期は卵巣の生理的状態をもとに発情後期，発情休止期，発情前期に区分される．また発情の発現は他の発情メスの存在やオスとの同居で早められることがヒツジなどで知られている．

発情に伴う性行動は性ホルモンによりその発現が支配されている．各種性ホルモンは内因性のリズムに基づき，周期性をもって分泌される．季節繁殖を行う家畜（ウマ，ヒツジ，ヤギ）では，日長のような外因性の刺激によって周期性が始動し，その刺激が性腺刺激ホルモン放出ホルモンの分泌を調節する．交尾に至る個々の反射は脊髄で制御されているが，性ホルモン（とくにエストロジェン）はその感受性を高める．

一方，オスの性行動の発現は大脳皮質の活動と強い関連があることが確かめられている．新奇環境におかれたオスの性行動が容易に消失するのもそのためと考えられる．

ウシ

① 動き回り（誇示）：発情中または発情期が近いメスは，たがいに集まってグループになり，乗駕しあったり，歩き回ったりする．また，鳴きながら（発情咆哮）牧柵沿いを歩き回ることもある．

② 陰部嗅ぎ（性的探査）：発情しているメスを特定するために，オスは，群内を歩きながら，メスの陰部を嗅いで回る．

③ 尿嗅ぎ・舐め（性的探査）：陰部嗅ぎのときに，相手のメスが排尿すると，その尿のニオイを嗅いだり，舐めたりする．

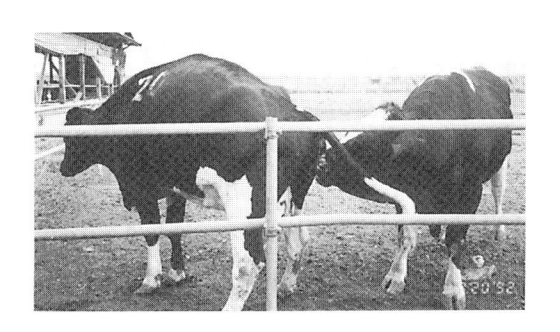

④ フレーメン（性的探査）：オスがメスの陰部を嗅いだり，尿を舐めたりした後に，よくみられ，顔を上にあげて上唇をめくり，歯を剥き出しにする表情またはその動作．

⑤ 陰部舐め・揉み（求愛）：発情しているメスの陰部を鼻鏡で揉みながら，同時に舐める．角で揉む場合もある．

⑥ ガーディング（求愛）：オスは発情したメスを特定すると，そのメスに付き添って行動し，他のウシが近寄ってくると追い払おうとする．

⑦ 軽く突く（求愛）：オスが特定した発情メスに付き添って行動しているときにみられ，頭や角をメスの体に軽く当てる．

⑧ 並列並び（求愛）：ガーディング中にオスが発情メスに並列に寄り添う．メスと同じ向きで並列する場合と逆の向きで並列する場合とがある．

⑨ リビドー（求愛）：発情メスに付き添っているときに，乗駕を試みるように，前肢を軽く上げるような跳躍動作をする．このとき，うめくような鳴き声を発することもある．

⑩ 顎乗せ（求愛）：オスは，発情メスの体，とくに後躯に自分の顎を乗せる．

⑪ 不動姿勢：発情メスは交配許容の時期になると，オスの顎乗せや乗駕に対して，尾をあげ，不動の姿勢をとる．

⑫ 乗　駕：発情メスの後方から，後肢に全体重をかけて立ち上がり，メスの腰角付近を両前肢で挟むようにして自分の前・中躯をメスの背中に乗せる．

⑬ 交　尾：乗駕したのち，腰を前に突き出して膣口を探りながら陰茎を挿入する．射精はこのときの一突きで終了する．

⑭ 背丸め：交尾の直後，メスはしばらく背中を丸めた姿勢を示す．

ウマ

① ウィンキング（誇示）：発情したメスは外陰部をリズミカルに開閉する．ライトニングとも呼ばれ，少量の排尿や粘液の漏出を伴うこともある．

② 頻尿（誇示）：発情中のメスは少量ずつ頻繁に排尿する．

メスの排尿直後，オスはその上に排尿する（マーキング）．

③ マーキング：オスは発情したメスの糞を探し，その上に尿をかける．

④ 陰部嗅ぎ（性的探査）：発情の有無を調べるためにオスはメスの陰部のニオイを嗅ぐ．オスの許容が可能な状態のメスは，尾をあげウィンキングを示すことが多い．

⑤ フレーメン（性的探査）：発情中のメスの外陰部のニオイを嗅いだり排泄物のニオイを嗅いだりしたときに典型的にみられる．ニオイを嗅いだ後，頭部を上げ，上唇をまくりあげ歯をみせる．鋤鼻器を陰圧にし，吸気をそこに送り込むことでニオイの探知をより容易にするとされている．性行動以外の刺激臭や異臭に対しても行う．

⑥ 愛咬（求愛）：オスが特定したメスに付き添って行動するときにみられ，たてがみなどを軽く噛む．

⑦ 顎乗せ（求愛）：オスは発情メスの体，とくに後駆に自分の顎を乗せる．

⑧ 乗　駕：発情メスの臀部にオスがおおいかぶさる．このとき，オスはメスのたてがみを噛むことがある．

⑨ 交　尾：オスはメスに対する十分な性的探査行動の後，交尾に移る．ウマの交尾は数秒で終了する．

ブタ

① 尿散布（誇示）：オスは，性的に興奮すると，多量の尿を床に散布する．この行動はメスに対してだけでなく擬牝台に対しても示す．

② 陰部嗅ぎ（性的探査），③ 陰部舐め（求愛）：オスは，メスの陰部のニオイを嗅ぐとともに，鼻で押したり舐めたりする．

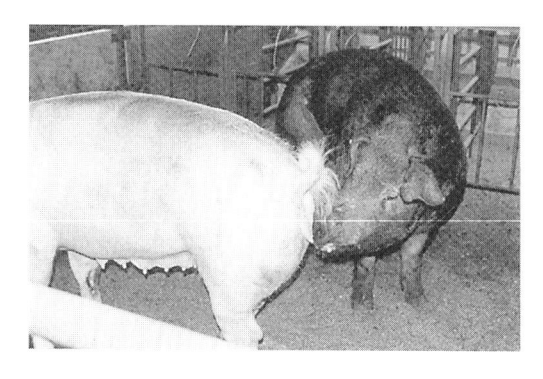

④ 泡吹き・発声（求愛）：オスは，口中から泡を吹き，口を開け閉めして音をたてる．

⑤ 対頭姿勢（求愛）：各種の求愛行動が進んでくると，雌雄は，頭の位置を下げてたがいに向きあい，鼻や頭を接触させる．

⑥ 軽く押す（求愛）：雌雄は，肩，脇腹，首筋，後肢，太股などを，たがいに押しあう．

⑦ 後躯突き上げ（求愛）：オスは，メスの後肢の間に頭を差し込み，突き上げるようにして，メスの後躯を宙に浮かす．

⑧ 不動姿勢：メスは発情していれば，オスによる各種の求愛行動に対して反応し，最終的には体を硬直させて動かなくなり，交尾許容姿勢をとる．

⑨ 乗　駕：メスが不動姿勢を示すと，オスはメスの臀部に顎を乗せ，次いで上体をメスの背に乗せる．一方，メスは背中を丸めて交尾に備える．

⑩ 交　尾：オスのメスへの乗駕に続いて，メスは耳を立て背を丸め，交尾に至る．しかし，陰茎の膣への挿入が一度で成功することはまれで，挿入が失敗した場合には，何度も乗駕を繰り返す．

ヤ　ギ

① 跳躍歩行（誇示）：メスがオスのそばで体を左右に揺すりながら，軽く跳躍するように歩行する．

② 擦りつけ（誇示）：求愛・乗駕を繰り返して消耗したり，性的に不活発なオスに対し，発情中のメスがオスの体へ顔面部などを擦りつける．

繁殖期（季節）のオスはしばしば自身に対する尿散布（self-enurination）を行う．これは後躯を少し下げ，全身を前後に縮めるように硬直させて，勃起した陰茎から尿を自身の前躯や顔面に向けて噴出させるものである．

③ 尾振り（誇示）：メスが尾を水平に伸ばしてさかんに左右に振り，次いで垂直に立てる．この動作を繰り返す．

⑤ 陰部嗅ぎ（性的探査），⑥ 尿嗅ぎ・舐め（性的探査）：オスがメスの外陰部のニオイを嗅いだり，尿・排尿跡を嗅いだり舐めたりする．

⑦ 陰部舐め・揉み（求愛）：オスがメスの外陰部を舐めたり，顔をメスの外陰部や臀部に擦りつけたりする．

④ 尿散布（誇示）：オスの性的接近に対してメスは排尿することが多い．

⑧ フレーメン（性的探査）：陰部嗅ぎ，尿嗅ぎ・舐めに続いて起こる．頭を上向き前方に突き出し，上唇をめくりあげて口を半開きにする．この姿勢を10秒前後保持する．メスでもフレーメンがみられるが少ない．

⑨ ツイスト（求愛）：オスはメスの後方から接近し，舌を小刻みに出し入れし，低いうなり声を発しながら，メスの体側に向けて頸をひねりつつ突き出す．

⑩ ガーディング（求愛）：優位のオスが，発情中のメスに接近する他のオスを攻撃して排除し，メスのそばに付き添う．1日以上続くことがある．

⑪ 前蹴り（求愛）：ツイストと同時的に起こることが多い．一方の前肢を前方にほぼ水平に突き出す．メスの腹部に当たることがあるが，メスから少し離れた位置でも行う．

⑫ 顎乗せ（求愛）：オスが後方または側方からメスの背に顎を乗せる．数秒間持続する．

⑬ 不動姿勢，⑭ 乗駕：メスは交尾を許容するときは尾を反転させ，しっかりと地面を踏みしめじっとする．オスはメスの後方から乗駕する．後肢で立ち，両前肢でメスの胴体を挟みながら前躯をメスの腰背部に乗せる．勃起した陰茎が露出する．

⑮ 交　尾：メスの膣内に陰茎を挿入する．1回の乗駕，交尾は2～3秒で，オスはこれを何度も繰り返す．射精があると，オスは乗駕したまま前躯をほぼ垂直に立てる．

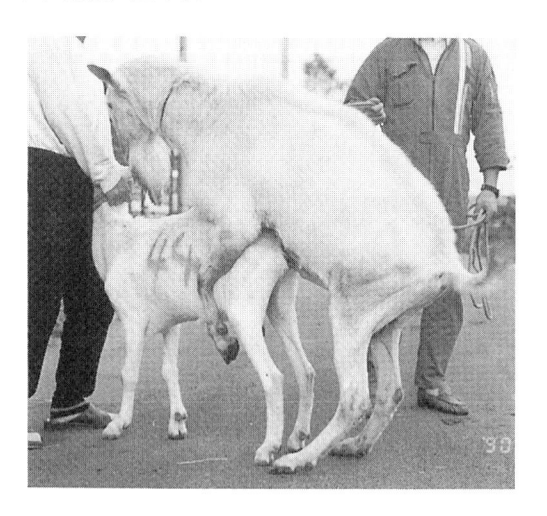

ヒツジ

① 擦りつけ（誇示）：オスが頭部をメスの体に擦りつける．経産羊では発情したメスの方からオスの体や頭に自らの体を擦りつけることもある．

② 陰部嗅ぎ（性的探査）：オスは発情個体を特定するためにメスに接近し，外陰部を嗅ぐ．

③ 尿嗅ぎ・舐め（性的探査）：陰部嗅ぎを行っているときに，メスが排尿するとオスはその尿を嗅いだり舐めたりする．

④ フレーメン（性的探査）：オスがメスの尿や陰部を嗅いだ後，頭を上げ眼をつぶり上唇をめくりあげて前歯を剥き出しにする行動．

⑤ ツイスト（求愛）：オスがメスの後方から接近し，頸部を地面と平行に吻部を前方にややあげて，頭をほぼ90度曲げて，舌を小刻みに出し入れしながら低いささやき声を発し，一方の前肢を突き出す．

⑥ ガーディング（求愛）：オスは発情したメスを発見するとその後を追う．発情したメスは最初のオスの接触の後，オスに追従する．

⑦ 前蹴り（求愛）：オスがその前肢でメスの胸，腹，腰部を軽く蹴り上げる動作を示す．
⑧ 軽く噛む（求愛）：オスはメスの体の一部を軽く噛む．
⑨ 顎乗せ（求愛）：乗駕前にオスがメスの後方から腰部に顎を乗せる．
⑩ 不動姿勢：メスのオスに対する交尾時の許容姿勢で顎乗せや乗駕に対して動かずにじっとしている行動．
⑪ 乗　駕：不動姿勢に入ったメスに対して，オスは後方から後肢で立ち上がり，前肢でメスの腰部を抱え込むように自分の胸部腹部でメスの背中に乗る．

⑫ 交　尾：乗駕後に腰を前に突き出し，陰茎をメスの生殖器に挿入する．挿入後，律動的な骨盤部の突き運動を行う．乗駕1回で交尾することもあれば，何回も乗駕した後に交尾に至る場合もある．

ニワトリ
① ティッドビッティング（誇示）：メスが近接しているとき，オスがフードコールといわれるパルス様の声を規則的に発しながら，地面をつつき，餌や小石を拾い上げては落とし，地面を掻き，メスの注意を引く．それに呼応してメスが寄ってくることが多い．幼雛を呼ぶ母鶏の行動から由来しているといわれている．

② ワルツ（誇示）：片側の翼を下げ，声をあげてオスが半身姿勢で目当てのメスに小走りに接近する．他のオスに対して誇示的に行う場合もある．

③ 足掛け：性的うずくまり（クラウチング）しているメスに対して，あるいは，メスがクラウチング姿勢をとるように，オスがあしゆび（趾）を掛け，両翼または背を押さえ込み，同時に，頸の毛（ハックル）を噛む．

④ 性的うずくまり：オスの乗駕を受け入れるため，メスはなかば座り気味に頸をすくめ，翼を少し広げ，尾羽を上げ，総排泄腔を露出した姿勢をとる．

⑤ 乗　駕：足掛け後，メスの背を踏みつけ固定し，背の上に乗る．

⑥ 交　尾：メスは尾羽を上げ，総排泄腔を露出させ，オスは尾羽を下げ，おたがい総排泄腔を接触させ，オスは射精する．

⑦ 身震い：交尾後，オスが前方あるいは後方に降りると，メスは毛を立て全身を震わせる．その後，このメスは足早にその場を去る．

イ　ヌ

メスの性成熟期はおおよそ10～15か月齢に多く，オスの性成熟期は6～18か月齢と幅がある．小型犬種において性成熟到達時期は早い傾向にある．発情中のメスとの接触により性成熟が誘発されることがある．一般的にメスの発情は1年に1～4回認められるが，バセンジー種では初秋に1度の発情が認められる．

① 動き回り（誇示）：メスは，遊びを誘うお辞儀や劣位個体の鳴き声を発しながら，オスと走り回る．発情前期に認められるこの遊戯行動は発情期が進むにつれて徐々に減少する．メスは頻尿となり，排尿姿勢はしゃがみ込みながら片足を上げる動作をとる．オスが尿マーキングした跡に引きつけられる．

② 陰部嗅ぎ（性的探査），③ 尿嗅ぎ・舐め（性的探査）：オスがメスの陰部に鼻を押しあて，ニオイを嗅ぐ．陰部のほかに，頭や耳，腹などのニオイを嗅いだり舐めたりする．また，尿や排尿跡のニオイを嗅いだり舐めたりする．

④ 陰部舐め（性的探査・求愛）：オスがメスの陰部を舐める．舐めた後に，口を開け閉めして流涎したり泡を吹くことが多い．発情前期には，メスがオスの体や生殖器のニオイをかぎ，舐める．

⑤ 泡吹き（性的探査・求愛）：オスは口を開け閉めしながら，流涎する．口から泡を吹く個体もいる．

⑥ 擦りつけ（誇示）：メスがオスの顔に向かって，自身の陰部を押しつけるようにする．

⑦ 不動姿勢：メスが性的探査と交尾を許容する姿勢．オスがメスの体や外陰部などのニオイをかいだり舐めたりする間，静かに立っている．尻をオスの方に向けて尾を真横に曲げ，オスの乗駕を待つ．環境やオスが気に入らない場合は，受け入れないこともある．発情前期におけるメスは，オスの近くで立ち止まるがオスが乗駕しようとすると拒絶する．このときに吠えやうなり声を出すことがある．

⑧ 乗駕：不動姿勢に入ったメスにオスは後方から乗駕する．1回の乗駕行動の持続時間は 10～30 秒ほどである．乗駕時にメスの頸部を軽く噛む個体もいる．新奇環境下では，乗駕を拒むオスもいる．

⑨ 交尾：オスは乗駕後，骨盤を突き出しメスの膣内に陰茎を挿入しようとする．挿入には何回かの乗駕が必要となることがある．その最中にメスは会陰を上下，左右に動かし，挿入を補助する．挿入後，オスは前肢を後ろへ引いて後肢で足踏みをしながら律動的な突き運動を行う．オスの射精が生じた後，膣の筋は引き締まり亀頭球が腫脹してオスとメスは陰部を結合したままの姿勢（交尾結合）を維持する．結合した後，オスはメスの左右一方の体側面に両前肢を下ろす．メスをまたぐようにして後肢片方を両前肢と同じ側面へ移動させる．交尾結合中には，オスとメスはたがいに正反対の方向を向くことが多い．オスとメスが交尾結合を維持する時間には個体差があり，10～30 分程度交尾結合が維持される．この間にさらに射精が起こる．

ネコ

① 動き回り（誇示）：発情したメスは特徴的な発声をしながら徘徊して周囲の物などに体をこすりつけ，尿で頻繁にマーキングをする．オスは発情中のメスが発するニオイや発声に喚起され，周囲を鳴きながら動き回って調べ，肛門腺分泌物や尿により頻繁にマーキングする．オスとメスが出会ってもすぐに交尾へは至らず，追いかけあいをすることもある．

② 陰部嗅ぎ（性的探査）：メスに出会うとオスはその生殖器周辺のニオイを嗅ぐ．

130　3. 行動のレパートリー

③ フレーメン（性的探査）：主としてメスの痕跡に出会ったオスが，ニオイをよく調べるためにやや顔面を上向きにして口を半開きにし，空気を吸い込む．

④ 陰部呈示（誇示）：発情したメスはオスに出会うと，その場で寝転がって交尾を誘ったのち，前半身を低くし，腰を高く持ち上げて尾を横に向けて陰部を呈示する．同時に喉を鳴らす．

⑤ 不動姿勢：メスが腰をやや持ち上げ尾を横に向けて，オスの乗駕を待って不動となる．オスが気に入らない場合は，受け入れないこともある．

⑥ 乗　駕：不動姿勢をとったメスにオスが後方から乗駕し，メスの頸部を軽く噛む．

⑦ 交　尾：乗駕後，メスの膣内にオスが陰茎を挿入するとすぐに射精し，交尾は数秒で終わる．陰茎にはトゲ状の突起が多数存在し，メスは痛みのため大声で鳴いたりうなり，オスを振り返って攻撃しようとするため，オスはただちにメスから遠ざかる．

⑧ 寝転がり：交尾後のメスは，地面に寝転がり伸びをしては，陰部や前肢を舐める．オスは近くで自身の陰部を舐めたあと，メスからやや距離をとり座っていることが多い．

クマ

① 陰部嗅ぎ（性的探査）：発情の有無を調べるためにオスはメスの体や外陰部のニオイを嗅ぐ．

② 尿嗅ぎ・舐め（性的探査）：メスが排尿すると，その尿のニオイを嗅いだり，舐めたりする．

③ 乗　駕：発情メスの臀部にオスが覆いかぶさる．このとき，オスがメスの首筋や耳を噛むことがある．

④ 交　尾：オスは足踏みをしながら腰を前後に動かし，数分後にオスの後肢に痙攣が起こる．痙攣中，オスは口を開いて荒い呼吸をする．乗駕姿勢のまま，オス・メスともに地面に腰を下ろし一時休息し，その後交尾と休息を繰り返すこともある．

チンパンジー

① 陰部呈示（誇示）

オスは，発情しているメスに対して，オスが大きく股を開いて勃起したペニスを見せる．拳を後ろにつき，尻を地面から少し浮かせる姿勢をとることが多い．その姿勢で足を踏みつけて，音を立てて関心を引くこともある．

メスは，発情メスが自分から腫脹した性皮をオスの顔の前に出す．そのまま交尾に至ることもある．プレゼンティングをしてオスの注意をひいている間に，メスは近くにある食物を採る場合もある．

② 陰部嗅ぎ（性的探査）：発情しているメスの性皮に，オスが顔を寄せ，見たり，ニオイを嗅いだりする行動．また，指で膣周辺をさわり，その指先を嗅ぐこともある．

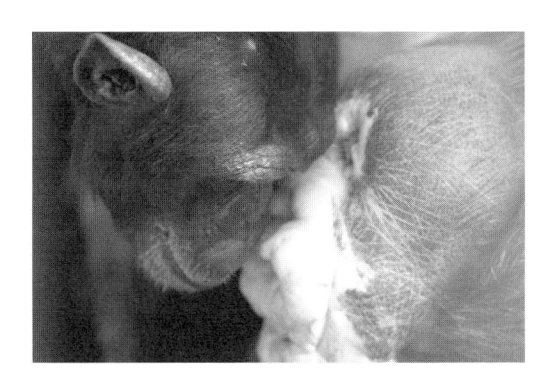

③ 交 尾：オスがペニスを勃起させて，メスの膣に挿入し，スラストする一連の行動．ほとんどは後背位で行われる．射精を伴う場合と伴わない場合とがあり，射精して初めて交尾の成功となる．時間は10秒程度が一般的である．

3.4.2 母子行動

母子行動は，分娩前の巣づくりから始まり分娩，母子間のきずなの形成，母親による養育ならびに安全の確保を目的として直接子に向けられる行動，および子が母親に対して示す行動を含んでいる．母体内部での各種ホルモンの変動が，分娩や泌乳といったダイナミックな生理的変化を引き起こすが，これらホルモンの量的な変化は母子行動のうち母親の子に対する行動にも反映される．母子行動にかかわるホルモンのうち，大きな役割をもつものとして下垂体神経葉から分泌されるオキシトシンがあげられる．分娩時に放出されるオキシトシンは子宮筋の周期的な収縮を強める．また幼齢個体による乳頭の吸引刺激はオキシトシンの放出を促すが，このホルモンは乳汁排出を促進する役割ももっている．

母子間の相互認識は視覚，聴覚，嗅覚でなされる．このうち，とりわけ嗅覚が重要な役割を果たしていることがウシ，ウマ，ブタ，ヤギ，ヒツジなどで実験的に確認されている．

母子行動の形式は性行動同様きわめて種特異的であり，それぞれの種が進化してきた環境に適応していたものと考えられる．たとえば，有蹄類は母子間の相互行動の形式から置き去り型（ハイダー），追従型（フォロワー），巣づくり型，などに分けられる．置き去り型の動物では授乳時以外に母子間の相互行動はあまりみられず，長時間母は子から離れて行動する．子はハイダーサイトと呼ばれる隠れ場で生後かなり早い時期から子同士で行動する習性をもつ．家畜ではウシとヤギがこのタイプに含まれる．一方，追従型の家畜としてウマとヒツジがあげられるが，このタイプは子が生まれるとすぐに母子間で頻繁かつ親密な相互行動を開始し，これが長時間継続するといった習性を示す．また，ブタに代表される巣づくり型は分娩に先立ち安全な場所に巣をつくり，子の養育を一定期間その巣で行う．

ウ シ

① 分娩場所選択：放牧地での自然分娩でよくみられる行動で，メスは分娩が近くなると，分娩場所を選ぶために群から離れる．

② 娩　出：子宮の収縮による軽い陣痛が始まると，尾を振り，痛む腹を蹴ったりしながら伏臥したり立ったりの動作を示す．次いで，強い腹圧を伴う陣痛によって，胎子の娩出を始める．

③ 舐める（世話）：母ウシが子ウシの体を舐める．哺育中の子ウシをもつ母ウシは，休息時，授乳時などに自分の子ウシの体を舐める．分娩直後の母ウシは子ウシを舐めると同時に発声も繰り返す．

④ 発声（世話・世話要求）：子ウシは発声により母ウシにその位置を教え，世話を要求する．また母ウシも子ウシを発声により呼ぶ．

⑤ 胎盤摂取：後産で排出した胎盤を食べる．

⑥ 授乳・吸乳：母ウシが歩行を停止している場合は，子ウシは写真のように母ウシの前方から乳頭に吸いついて吸乳する．母ウシが歩行中の場合は母ウシの後方から乳頭に吸いつく．子ウシは母ウシの頸下を通り抜け，授乳を促すこともある．

⑦ 軽く突く（世話要求）：世話を要求するときに，子ウシが母ウシの体を頭で軽く突く．遊戯，舐め，授乳を要求するときによくみられる．

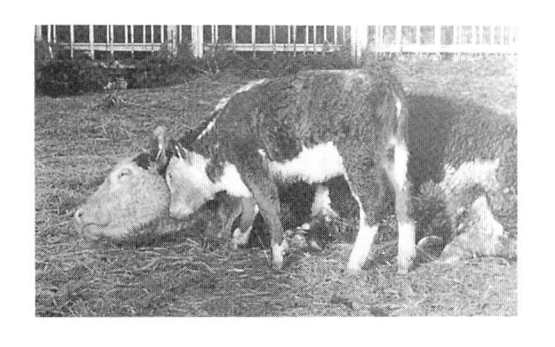

⑧ 母性的攻撃：自分の子ウシを守ろうとして，子ウシに接近するヒトや動物に対して，頭突き押しを行ったり，前肢で地面を掻く前掻きで威嚇したりする．

⑨ 不動姿勢：草むらなどに身を隠して，じっとしている姿勢．母ウシは新生子ウシを草むらに残して群に復帰し，休息時などに子ウシのところへ引き返すが，その間，子ウシはじっとしている．

⑩ 子畜群がり：母子ウシ群でよくみられ，子ウシが母ウシから離れ，子ウシ同士が集団になって行動する．保育園（crèche）などと呼ばれる．

ウマ

① 分娩場所選択：分娩に先立ち馬房内のニオイを嗅いだりしながら歩き回る．

② 娩 出：分娩が近づくと母ウマはしきりに腹部をふり返ったり，伏臥したり立ちあがったり落ち着きがなくなる．娩出に際し子ウマは前肢，頭部，後肢の順で娩出されるのがふつうである．

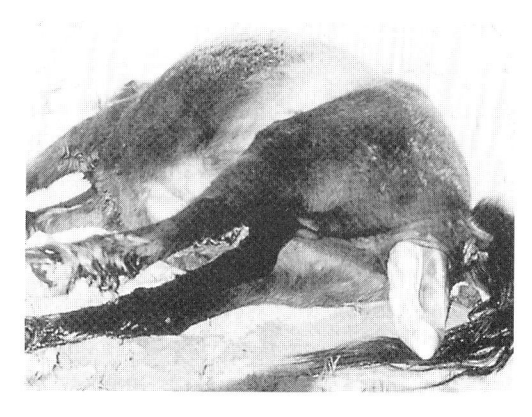

③ 舐める（世話）：娩出した子ウマを母ウマはしきりに舐める．この行動は母が子のニオイを学習する過程であるとも考えられている．

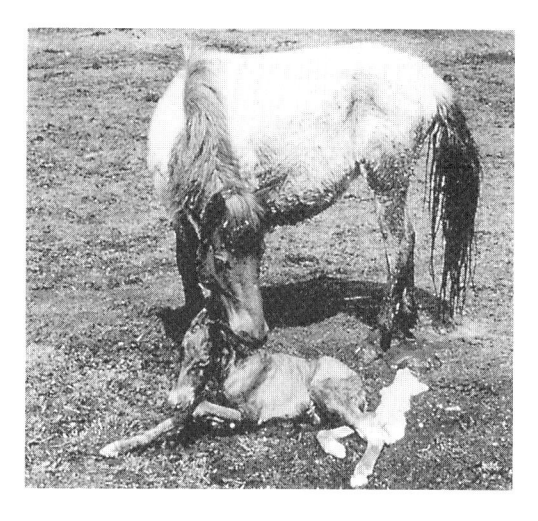

④ 授乳・吸乳：娩出後，子ウマは5～15分で立ち上がる．母ウマは鼻で子ウマを軽く押して乳房へと誘い，吸乳を促す．乳が飲みたくなった日齢を重ねた子ウマは，通常鼻を鳴らしながら母ウマの胸前を横切る．母ウマは子ウマが吸乳しやすい姿勢をとる．授乳はおよそ60秒程度継続する．

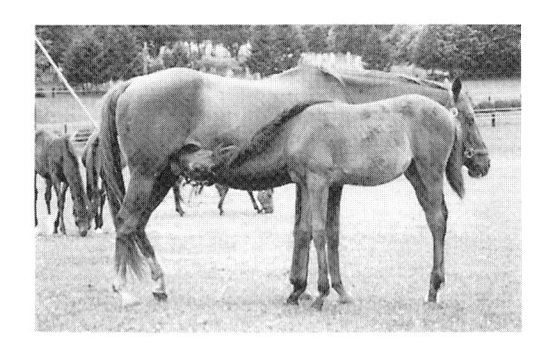

⑤ 母性的攻撃：母ウマは自分の子ウマに近づいてきた他のウマに対して威嚇し攻撃を行う．この行動は子の成長とともに頻度が減少する．

⑥ 追　従：ウマの母子は多くの時間を近接しあってすごす．母ウマの移動に子ウマが追従する場合が多いが，その逆もみられる．母子間距離は子の成長に伴い延長する．

ブタ

① 分娩場所選択，② 巣づくり：繁殖メスを群で放牧あるいは放飼した場合，分娩が近づくと，群から離れ，やぶの中のような視覚的にも隔離された場所を選んで巣をつくる．分娩房に隔離された場合も，わらなどを与えてやると，巣づくりを行う．

③ 娩　出：分娩が近づくと，分娩房の中での立ち座りなど，姿勢変化の回数が増える．娩出に際しては，母ブタは横臥位をとり，いきむようにして子ブタを産み落とす．

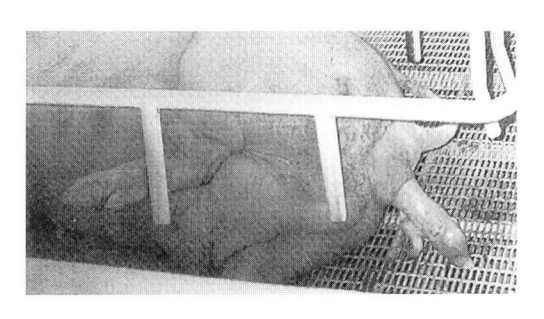

④ 胎盤摂取：分娩クレート（枠場）では，母ブタが体を反転させることができないため，胎盤を摂取することはないが，分娩時に自由に動くことができる環境では，胎盤を摂取する行動もみられる．

⑤ 授乳・吸乳：母ブタは，授乳に際して低い声で断続的に鳴くが，これが子ブタへの授乳の合図の一つとなっている．授乳は，ほとんどが横臥位で行われるが，立位や犬座位での授乳もみられる．

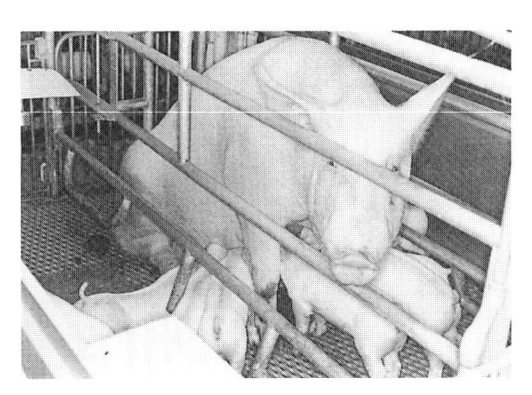

子ブタは，吸乳前に鼻で乳首とその周辺を繰り返し押して母ブタの授乳を促す．母ブタが横臥位をとっている場合は，上下に重なりあって頭をもぐり込ませるようにして吸乳する．

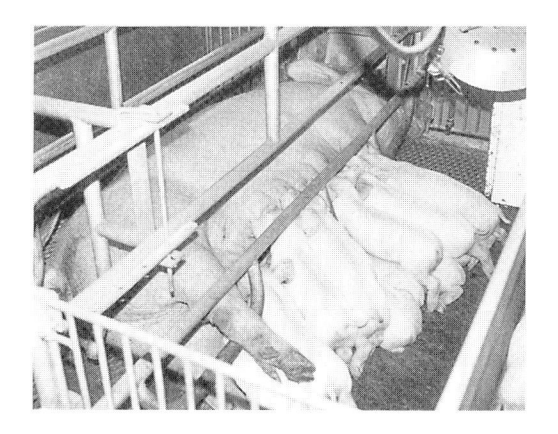

⑥ 母性的攻撃：子ブタを犬歯切りや去勢のために分娩房から連れ去ろうとすると，母ブタが急に立ち上がって鳴き声を発しながら子ブタの後を追いかけようとすることがある．他の家畜種のような激しい攻撃はみられない．

ヤ ギ

① 分娩場所選択：メスは分娩前に場所を選定するために歩き回り探索する．建物，樹木のそば，崖下などが選ばれることが多い．

② 娩 出：ふつう，伏臥位で分娩するが，立位の場合もある．陣痛中に大きなうめき声を発する．正常分娩では胎子は前肢から先に娩出される．

③ ヤーニング：ヨーニングともいう．分娩中・後に母ヤギは頸を伸ばして大きく口を開けるあくび様の動作を繰り返し行う．これはフレーメンの一種と考えられる．

④ 舐める（世話）：分娩後，母ヤギは子ヤギの体をさかんに舐める．

⑤ 発声（世話・世話要求）：分娩直後から母子はふつう頻繁に鳴き交わす．哺育期間中，母子は相手を見失うと，たがいに鳴き声を発しながら探し回る．

⑥ 胎盤摂取：分娩後，母ヤギは胎盤を舐めたり噛んだりし，一部を食べることもある．

⑦ 授乳・吸乳：子ヤギはふつう30分前後で立ち上がり，さらに10分程度で吸乳を始める．子ヤギは母ヤギの前側方から乳頭に吸いつく．母ヤギは後肢を踏んばって授乳する．吸乳中に子ヤギはさかんに尾を左右に振り，ときどき吻部で乳房を突き上げる．

⑧ 母性的攻撃：母ヤギは子ヤギに接近する他のヤギを頭突きや咬みつきで激しく攻撃することがある．

⑨ 不動姿勢：母ヤギが摂食，休息中には哺乳初期の子ヤギは物陰に隠れて伏臥している．ヒトが手を触れても動かないことがある．母ヤギの呼びかけで立ち上がり，鳴き交わしながら接近する．

⑩ 子畜群がり：数頭の子ヤギが他のヤギから離れて集合休息したり，社会的遊戯行動を行う．

ヒツジ

① 分娩場所選択：分娩が近づくとメスは群から離れ落ち着かず動き回り，分娩場を探す行動を示す．分娩直前のメスは舌を出して，低いうめき声を出す．

② 娩　出：陣痛が始まると，メスは落ち着かず伏臥・佇立を繰り返し，痛む腹部を後肢で搔いたりじっと見たりする．

尿膜嚢が突出しはじめ，次第に大きくなった後に，破水がみられる．続いて子ヒツジの前肢の先端から頭部がみえ，約30～60分後に娩出が終わる．メスは分娩後1分以内に立ち上がる．

③ 胎盤摂取：胎子胎盤または後産は2～5時間後に娩出されるが，そのままにしておくと品種によっては母ヒツジが摂取する．

④ 授乳・吸乳：子ヒツジは母ヒツジに寄り添い，母ヒツジは静止して，子ヒツジに吸乳しやすい姿勢をみせる．授乳時は母ヒツジが自分の子ヒツジの尻に鼻を接触させニオイで確認する．

⑤ 舐める（世話）：分娩後に母ヒツジが子ヒツジに対しささやくように鳴きながら子ヒツジの体に付着した羊膜および尿膜を舐める．これは約1時間継続する．

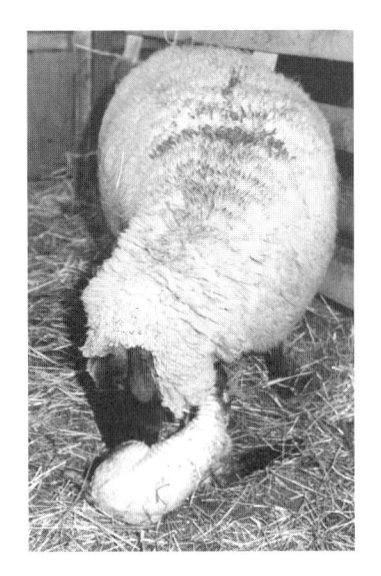

⑥ 軽く蹴る（世話）：採食中の母ヒツジが子ヒツジへ接近し，伏臥中の子ヒツジの背中を前肢で軽く蹴り，起こすことがある．軽く蹴った後は，授乳や追従行動へ移行することが多い．

⑦ 発声（世話・世話要求）：ヒツジの母子はさかんに鳴き声を発し，呼びあう．母ヒツジの子ヒツジに対する発声は授乳行動に結びつき，子ヒツジの発声は吸乳に結びつく．

⑧ 母性的攻撃：分娩房から群へ移動する際，母ヒツジが接近する異母子を払いのける．授乳中にも接近する他の母子に対して頭突きして追い払う行動がみられる．

⑨ 追　従：哺乳期の子ヒツジは母ヒツジに常時追従する．

⑩ 背乗り：子ヒツジが伏臥位休息中の母ヒツジの背中に乗る．

ニワトリ

① 放卵場所選択：放卵前に，やや暗くて落ち着ける場所を選び，移動する．巣箱に入れないときや，外の方が快適なときには，巣箱の外に卵を産み巣外卵を発生させる．巣箱のないケージ飼育の場合には，この行動は不快の声（ディストレスコール）を伴ったケージからの脱出の試み，あるいはペーシングとなる．

② 巣づくり：放卵に先立ち，わらや羽などを嘴で集め，あしゆび（趾）で近辺を均し放卵場所を整える．巣材のない場合には，真空行動となる．

③ 放　卵：放卵の約1時間前から落ち着きがなくなり，数分前から頸を縮め，総排泄腔をやや下げた低い姿勢で卵を産み落とす．放卵後，それまで抑制されていた摂取行動が代償的にさかんになる．

④ 抱　卵：母鶏が翼および胸腹部の下に卵を置き，時折，嘴や趾で転卵し，21日間抱く．孵化3日前からは殻の中からの声に反応して，卵を引き寄せたりもする．産業的には人工孵化が行われる．

⑤ 育　雛：母鶏は孵化後の雛を保温の必要な夜間などに羽毛の中に入れたり親鶏の近くに位置させる．あるいは，雛が積極的に羽毛の下に入ったり近寄ったりすることを拒まない．

⑥ 母性的攻撃：抱卵中の卵や孵化直後の雛に手を触れようとする捕食者に対し，母鶏はこれをつついたりして撃退する．

⑦ 追　従：野外飼育では，雛は身近のニワトリに刷り込まれ，通常，母鶏に追従し，生活をともに行うことで，餌場，水場の場所，摂食方法，危険回避の方法などを模倣学習する．

イ ヌ

① 分娩場所選択：分娩が近くなると，落ち着ける場所を選び移動する．

② 巣づくり：分娩が近くなると，産箱や床を掻く行動がみられる．

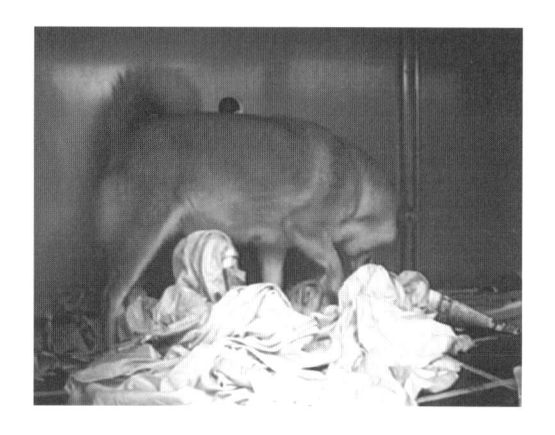

③ 娩　出：母イヌは分娩24時間前くらいから，摂食しなくなる．横臥位で出産することが多く，胎子は頭から娩出されることが多い．通常30分間隔で娩出される．

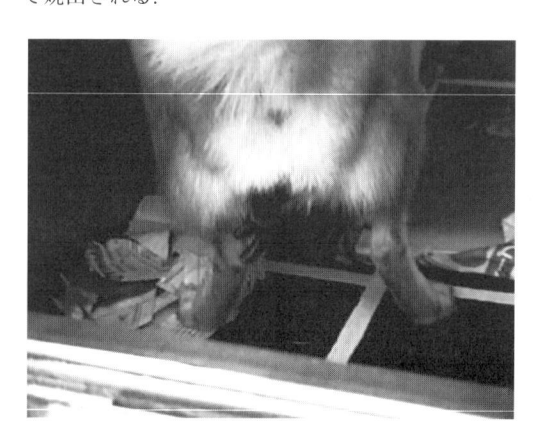

④ 舐める（世話）：分娩後，母イヌは子イヌとの臍帯を臼歯で噛み切り，残痕を舐める．さらに子イヌの頭，臍帯，会陰を中心に体を舐める．新生子期（出生から約14日）の間，子イヌは自分で排泄ができないため，母イヌが肛門および性器周辺部を舐めて刺激を与えることで排泄を促す．排泄物は母イヌが摂食してしまうことが多い．

⑤ 発声（世話・世話要求）：分娩直後から子イヌは母イヌに世話を求める鳴き声を発する．

⑥ 胎盤摂取：羊水で湿った敷料を舐める．胎盤が排出されない場合は，臍帯をひっぱって出す．後産で排出した胎盤を摂取する．

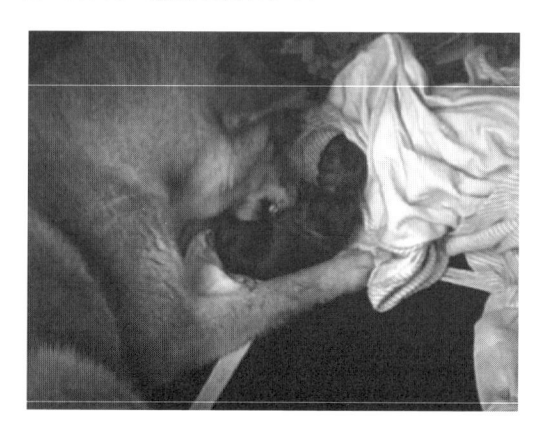

⑦ 授乳・吸乳：授乳のほとんどは母イヌが横臥位のときに，子イヌが腹下へ潜り込み行われるが，子イヌの成長に伴って，立位や犬座位での授乳もみられる．新生子期の子イヌは視覚や聴覚などが発達していないために，嗅覚や触覚（表面の柔らかさ）に頼って母イヌの乳房を探す．子イヌは吸乳前に鼻で乳頭周辺を押し上げて母イヌの授乳を促し，前肢で乳房をリズミカルに押しながら吸乳する．子イヌの中で優位の個体は乳が多く排出される乳房を独占する傾向がある．

⑧ 鼻押し・舐め（世話）：子イヌが呼吸しやすい姿勢にする．巣から離れた場合に連れ戻す．吸乳を促すために母イヌが子イヌを鼻で押したり舐めたりする．

⑨ 吐き戻し（世話）：子イヌが生後4～6週齢の離乳初期になると，母イヌは自らが摂取した食物を吐き戻して子イヌに与える．その誘因行動として，子イヌが親イヌの口を舐める行動がある．その行動は，ヒトに向けられる場合もある．

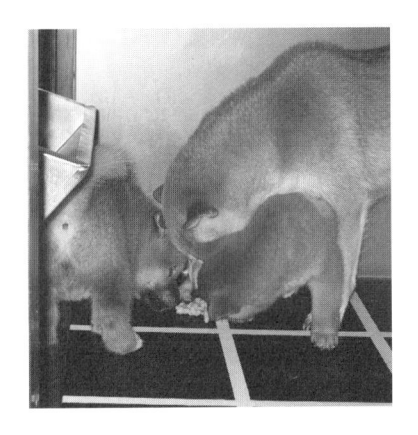

⑩ 母性的攻撃：分娩時から母イヌや子イヌに接近しようとする他個体（ヒトを含む）に対して歯を剥き出したりうなったりすることがある．一方でまったく攻撃性を示さない母イヌもいる．個体差が大きい．

⑪ 追　従：生後3週齢の社会化期の頃より，子イヌは母イヌに追従するようになる．また，社会化期には環境や同種動物，ヒトを含むそれ以外の動物との第一次的社会関係を形成する．

ネ　コ

① 分娩場所選択：暗くて静かな環境にあって，周囲が囲われ柔らかい巣材が敷かれている場所を探しゆっくり歩き回る．飼い主に甘えて鳴いたり，寄り添うこともある．

② 巣づくり：分娩が近づくと落ち着かない様子で周囲を搔いたり，巣の床を整える行動がみられる．

③ 娩　出：横臥位で出産することが多い．腹部に痙攣がみられるようになり，母ネコがいきみながら力強く踏んばると，胎子の入った羊膜が娩出される．妊娠期間は約63日である．

④ 胎盤摂取：噛み切った臍帯や排出された羊膜，胎盤は母ネコが食べてしまうことが多い．

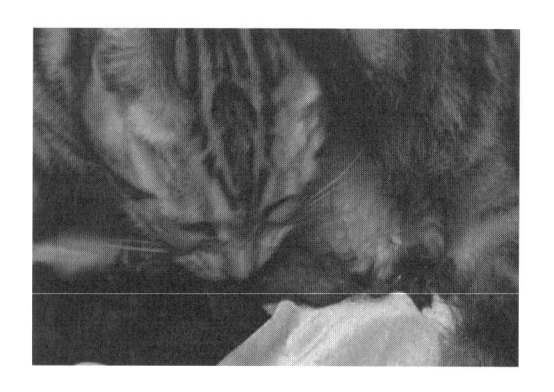

⑤ 発声（世話・世話要求）：子ネコは母ネコから遠ざかると発声によりその位置を教えて世話を要求する．母ネコは，喉を震わせるような発声により子ネコを呼ぶ．

⑥ 子集め（世話）：新生子期に母ネコが巣の場所を移動する場合や，巣箱から出てしまった子ネコを連れ戻すために，子ネコの頸部をくわえて運ぶ．

⑦ 舐める（世話）：母ネコは出産後すぐに羊膜や羊水を舐めとり，子ネコを舐めて呼吸をさせる．生後3週頃までの子ネコは自分で排泄ができないため，母ネコが子ネコの肛門周辺を舐める刺激により反射的に排尿や排糞が起きる．排泄物は母ネコが摂食してしまう．また，子ネコの毛繕いのために全身を舐める．

⑧ 授乳・吸乳：授乳はほとんどの場合横臥位で行われるが，子ネコの成長に伴って犬座位や立位での授乳もみられる．新生子期の子ネコは視覚や聴覚が未発達であるため，嗅覚と触覚に頼って母ネコの乳首を探す．子ネコが吸う乳首はそれぞれ決まっていることが多い．

⑨ 母性的攻撃：分娩時から母ネコや子ネコに接近しようとする他個体（ヒトを含む）に対し，著しく攻撃的になる．

⑩ 追　従：社会化期の頃より，子ネコは尾を立てて母ネコに追従する．

クマ

① 分娩場所選択：ヒグマ，ツキノワグマ，アメリカクロクマ，ホッキョクグマ（メスのみ）は冬眠し，冬眠中に分娩する．野生下では外敵や低温を回避するため，樹洞，土穴，岩穴などを利用することが多い．ホッキョクグマは雪の吹き溜まりに穴を掘る．

② 娩　出：冬眠中に分娩し，出生時の体重は成獣の1/300〜1/1,000程度しかない．

③ 授乳・吸乳：母グマは子グマに寄り添い，子グマに授乳しやすい姿勢をみせる．

④ 母性的攻撃：母グマは自分の子グマに近づいてきたヒトや動物に対して，威嚇し攻撃を行う．

⑤ 追　従：クマの母子は多くの時間を近接しあってすごす．母グマの移動に子グマが追従する場合が多いが，その逆もみられる．

チンパンジー

① 授乳・吸乳：子が口を尖らせて顔を左右に動かすルーティングで乳首を探り当て，乳首に吸いついて母乳を飲む．母乳が出なくなった後も乳首をくわえる行動が続くことがある．

② 抱　擁：母親が子の体を支えることもあるが，多くは子が母親の体毛をつかみ，しがみつく．生まれてから3か月ほどは母親から離れることはほとんどなく常にしがみついて，さまざまな経験を母子が共有する．

③ 子の運搬：子は5, 6歳になるまでそのほとんどの時間を母親とともにすごす．子は生後数か月間母親の腹にしがみついているが，成長するに従って背中に乗るようになる．母親が子を運搬することで，さまざまな経験を共有する．

④ 母子遊び：母と子はたくさんの時間を遊んですごす．母は子の体を軽く噛んだり，指先でつついてくすぐると，子は笑い声を発する．また母親がグルーミングなど他のことをしながら子を適当にくすぐったりするのらくら遊びもある．

3.5　葛藤行動

　二つ以上の動機が同時に存在する場合，たとえば，空腹時に奇妙な飼槽で給餌され，近づこうか，避けようかいずれにも決めかねているような状態を葛藤という．また，一つの動機による行動出現が抑えられている場合，たとえば，空腹時に窓越しに餌を見せられる状態などを欲求不満という．後者の状態でも，その状況から逃れようとする動機が出現し，一種の葛藤状況ともいえる．このような葛藤時や欲求不満時には通常の行動としては回避反応や攻撃行動が出現するが，加えて特殊な行動もみられ，葛藤行動と総称される．これまでに獲得してきた適応戦術が予測外の環境（刺激）のもとで心理的に攪乱していることを表している．したがって，後述する異常行動の一種ともいえるが，適応的な側面がより明確である点が特徴である．ストレスの行動的表現であり，その指標ともなっている．

　以下に述べる転位行動，転嫁行動，真空行動のほか，葛藤が弱い場合に起こり，完了行動の初期動作が繰り返される意図行動（飛ぼうか留まろうかと葛藤した場合の，ニワトリのうずくまり行動の繰り返しなど），および両行動の意図行動が同時に起こる両面価値行動（奇妙な飼槽での給餌のときの，腰を

引きながら頭だけ飼槽の方に伸ばす行動など），両面価値行動に似るが一つの行動パターンとして儀式化した折衷行動（接近と後退を合わせもつニワトリのワルツやウシの半身の威嚇姿勢であるにらみなど），両行動をたがいに繰り返す振り子行動（奇妙な飼槽での給餌のときの，飼槽へ行ったり来たりを繰り返す行動）などがある．

3.5.1 転位行動

葛藤・欲求不満状態では，その場の状況に適応するための行動とはほとんど関係ない行動が出現する．それを転位行動という．この名称は，拮抗する二つの動機がたがいにその出現を抑えあい，それらの行動発現を支配する神経エネルギーが他にはけ口をみつけて流れていくという仮説，およびある動機が適切に発現できない場合，注意を向ける対象を変えるという仮説からきている．しかし，行動の出現機構は，単純なエネルギー概念ではとらえられないことが明らかとなり，この名称は不適切であるとする意見もある．実験心理学では，添加行動という．また個体により転位行動を向ける対象が異なったり，おかれた環境により左右されたり，学習および外部刺激の影響も強く受ける行動である．

転位行動は，一般的に掻く，噛む，舐めるなどの身繕い行動や睡眠として現れ，これらの行動は覚醒を沈める効果があり，葛藤・欲求不満による興奮を沈める機能を有するともいわれる．また，転位行動は性行動とか敵対行動中に起こることが多いため，社会的信号の意味を有する儀式化された誇示という機能があるとも考えられている．

転位行動は詳細に観察した場合，正常行動と様式が異なるという報告もあるが，一見しては正常行動との区別は困難であり，出現状況と時間配分の違いから類推されるのが一般的である．

ウ シ

① 摂　食：力の均衡したウシ同士が闘争した場合，闘争の途中で闘争とはまったく関係ない摂食が起こる場合がある．

② 休息，③ 反芻，④ 噛む・舐める：給餌に関連した刺激を与えた後，たとえば，給餌機を動かすなどの後に給餌しなかった場合などには，これらの行動が増加する．このような強い刺激でなくとも，通常の給餌時刻の直前にも同様な反応が現れる．さまざまな予測に際して，あてがはずれた場合に起こる．

ウ マ

① 前掻き：ウマが，欲望が満たされないときにしばしばみせる前掻きは明らかに転位行動と考えられる．この行動は雪の下にうまった草を掘り出したり裸地で草の根を探す時の行動と同一の形式をとる．

② 噛む・舐める：ウシと同様．

ブ タ

① 摂食，② 休息，③ 噛む・舐める：闘争中に，状況に直接関係ないこれらの行動を急に行うことがみられる．

ヤ ギ

① 掻く，② 噛む・舐める：闘争中に一方または双方のヤギがこれらの身繕い行動をすることがある．

飼槽で摂食中に優位個体に追い出されたとき，吸乳中に母ヤギが移動して吸乳が停止したときにも身繕いがみられる．

ヒツジ
① 掻く，② 噛む・舐める：ヤギと同様．

ニワトリ
① 床つつき：たとえば，一連の性行動中，メスの逃避などにより乗駕ができなかったオスは，性行動とはまったく関係のない，床つつきを突然行うことがある．
② 羽繕い：①と同じく，社会行動や性行動中，当面している行動とは，直接関係なく，急に羽毛の手入れを行う．

イ ヌ
① 掻 く：極度の緊張や不安を感じると，耳や頸部周辺を掻きつづける．自傷行為へと進展する場合もある．
② 舐める：不安を感じると自分の体の一部を舐めようとする．長期にわたってこの行動が継続すると肢端舐性皮膚炎や肢端舐性肉芽腫となることがある．また，床や壁の一部や自分の近くにある物を舐めつづける．
③ 自 傷：尾，肛門，腰部などに噛みつく．毛をむしったり，自分を傷つける．
④ 掘 る：恐怖を強く感じると，その場から逃げだそうとして地面を掘る行動が認められる．
⑤ 排 尿：敵対行動や生殖行動など他個体との接触時に認められる．環境や他個体から生じる葛藤により誘発されることが多い．

ネ コ
① 舐める・掻く：他個体と敵対したり，ヒトに叱られたり，何かしようとしたのを止められたときなどに，突然体を短時間舐めたり，後肢で頭部や頸部を掻く．

② 過剰運動：敵対行動や環境刺激により葛藤状態に陥った際に，突如走りまわったりよじ登ったりする．また，摂食やヒトの関心のような欲求が満たされない場合に，高いところから物を落とすこともある．

③ 爪とぎ・尿スプレー：他個体との遭遇場面において，突如行うことがある．

クマ
① 摂食，② 休息，③ 噛む・舐める：闘争中に，状況に直接関係ないこれらの行動を急に行う．

チンパンジー
① グリメイス：上下の歯を剥き出しにして，口角を後ろに引いて開く表情．上下顎の歯や歯茎が露出する．不安や恐怖や嫌悪など緊張する場面で出現する．

② 発　声：攻撃を受けた個体が口を大きく開けて大声でフィンパーやスクリームを発する行動．口から大量のよだれを垂らしたり，鳴き声を繰り返し発するうちに嗚咽することもある．

音程が上がったり下がったりする音声のことをフィンパーという．苦悩の場面で典型的に出現する．他個体に要求したり，あるいは恐怖や不安から軽い泣きっ面になる行動が前後に出現する．唇を尖らせたまま口角を後ろに引く場合もある．

③ 過剰運動：食物を奪われたり，他個体から攻撃されたときなど，解決することが難しい問題に直面した場合，大声でスクリームを発し鳴きながら体をかきむしったり，地面を転げ回ったりする．母子間の交渉でも，子が過剰運動を起こし，母親が急いで子を抱き寄せてなだめることがある．

④ 掻　く：不安や欲求不満などの緊張した場面では，体中を掻く行動が頻繁に繰り返される．

緊張や不安がひどくなると自傷行為に至る．体を掻いて皮膚を傷つけてしまうもの，肛門に指を入れる，手足を噛むものなどがあり，軽度なものからひどい出血を伴うものまである．

ウ　シ

① 吸引，② 相互吸引：子ウシは1～2か月齢まで強い吸乳欲求をもっているが，バケツ哺乳などで時間的にも様式上も吸引が抑制された場合，仲間の体（耳，陰嚢，外部生殖器，尾など）や，物（扉の取っ手金具など）を吸引したり，たがいに吸いあう行動がみられる．常同化する．成牛になるまで続き，実際の吸乳に至る場合もある．

3.5.2　転嫁行動

葛藤・欲求不満となった行動の一つが出現するが，向ける対象が異なる場合をいう．社会的順位の高い個体から攻撃された場合に，物や順位の低い個体に攻撃したりする行動である．環境探査行動の転嫁としてのブタの尾かじりや吸乳行動の転嫁としての子ウシの臍帯吸いは，実行する個体にとっては鎮静効果があったとしても，受ける個体にとっては有害である．集約畜産や動物園における単純な飼育環境は，転嫁行動の起こりやすい状況であり，重要な行動問題の一つとなっている．砂やわらを与えたり，タイヤを吊るしたり，ボールなどの遊具を与えることは，有害な転嫁行動の制御に有効である．

③ 柵かじり：吸乳行動を抑制したり，粗飼料を細切して給与したり，粗飼料給与を制限したりすると，牧柵，パイプ，壁板あるいは繋留用の鎖・ロープなどをかじる．常同化する．

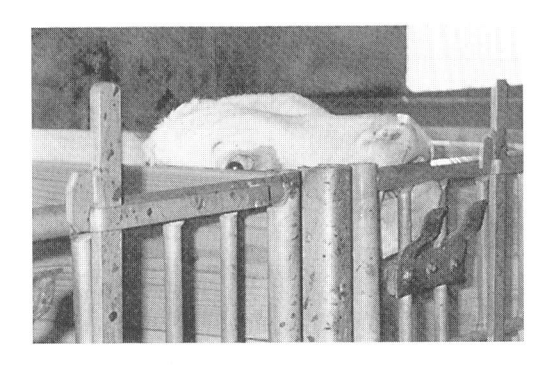

④ 攻　撃：優位の個体から攻撃されたり，ヒトからさまざまな操作を受けた場合，劣位の個体に攻撃をしかける場合がある．

⑤ 誤吸乳：母ウシの泌乳量が少なかったり，親子分離哺乳などで哺乳量が少なかった場合には，母以外のメスからも吸乳しようとする．

⑥ 相互吸乳：泌乳中のメス同士がたがいの乳を飲みあう．

ウマ

① 木食い：馬房の突出部分や牧柵などをかじりとる．粗飼料の給与不足が要因の一つと考えられている．

② 攻　撃：優位な個体から威嚇攻撃された個体が，自分より劣位の個体を攻撃することがある．

ブタ

① 耳かじり，② 尾かじり，③ 仲間しゃぶり：離乳後まもない子ブタの耳かじり，尾かじり，仲間しゃぶり（他個体の腹のあたりを鼻で押す）は，吸乳要求として起こるといわれている．

④ 柵かじり：繁殖メスなどを身動きのとれないストールに隔離すると，横柵や縦柵を繰り返しかじったり噛んだりすることがみられる．常同化する．

⑤ 攻　撃：ウシと同様

ヤ　ギ
① 柵かじり：給餌時間に給餌しなかったり，長期間繋留すると柵，それらに付属する紐，針金などを噛みつづける．

② 攻　撃：長期間の繋留など葛藤状態を持続すると，柵などに頭突きをしたり，攻撃的になる．また，メスの発情時におけるオス同士の闘争で，優位のオスに攻撃されたオスがより劣位のオスを攻撃する行動などもみられる．

ヒツジ
① 吸　引：十分な時間，乳頭を吸引していない子ヒツジは，栄養摂取量にかかわらず，柵，物，仲間の体を吸引する．

② 羊毛食い：伏臥位休息中の他個体の羊毛をかじりとる行動で，粗飼料不足や過密飼育が原因といわれている．

③ 柵かじり：ヤギと同様．

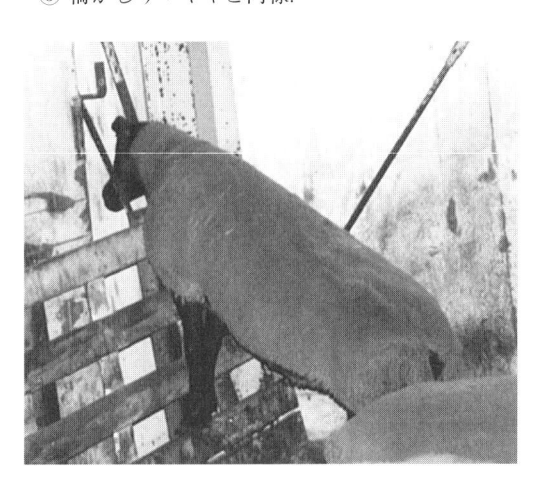

ニワトリ
① つつき：ペレット給与時などで摂食時間が短い場合に，給餌樋や，ケージ，床，脚輪など飼料以外の対象物をつつく．しばしば常同化し，異常行動となる．

② 羽食い：ストレスなどに起因して，他個体の羽毛を抜いて食べる．常同化することが多く，カンニバリズムに発展することもある．

③ 尻つつき（カンニバリズム）：つつきの欲求の対象が特定の個体に向けられたときに発現する．一個体を集団でつつき，肛門付近を激しくつついて内臓を出し，対象鶏を死に至らしめることもある．

④ 攻　撃：実験などでニワトリの自由な行動を規制すると，飼育者に対してきわめて攻撃的になり，給餌時あるいは集卵時において，人の手などを激しくつつく．

イ　ヌ

① 攻　撃：優位個体から攻撃を受けたときや，ヒトから強い口調で指示を受けたときなどに劣位個体や近くにある物に対して攻撃をする場合がある．

② 舐める，③ 吸う：実際の吸乳行動を転嫁するために，布製品（タオルやカーペットなど）の一部を吸うこともある．

④ 噛　む：行動が抑制されるケージに入っているときなどは，ケージ内壁や柵などを繰り返し噛むことがある．長時間繋留すると，紐や首輪などを噛みつづけることもある．

ネ　コ

① 攻　撃：優位個体から攻撃されたときや，環境内に大きな音などの驚愕刺激が加わった際に，劣位個体や近くにいるヒト，物に対して攻撃をする場合がある．

3.5.3 真空行動

欲求不満状態下で，対象なしに行動だけが出現することをいう．ニワトリが砂もないのに砂浴び行動をしたり，ニワトリやブタがわらもないのに巣づくり行動をしたりする．育成中の経験によっても出現頻度や日周リズムは変わらない．

真空行動として出現することは，内的に強く動機づけられていることを意味する．完成された巣などを与えても巣づくり行動は抑えられないし，巣の材料もあまり選ばないし，行動すること自体も重要な意味を有する．当然，材料のよさは行動の適応的意義を高め，砂浴び行動では羽毛からの脂肪除去が効率的になったり，巣づくり行動では子ブタの育成率が改善されたりはする．同時に行動すること自体によっても，葛藤状態が改善され，巣づくり行動をさせることにより，舐めたり，注意を向けたりの母性行動が助長され，育成率が改善されたり，敵対行動が軽減されたりもする．これらの行動は，要求の強い行動とみなされ，実行できる環境を与えること（エンリッチメント）が動物福祉レベル改善の中心課題となっている．

ウ　シ

① 偽反芻：粗飼料無給与あるいは粉砕粗飼料を給与すると，食塊を吐き出していないのに，反芻のように口を動かす．

② 自　慰：採精センターのオスおよびまきウシにおいても発情牛が途切れた場合，背を丸めた立位で，腰を曲げて陰茎を出し，射精する．

ブタ

① 偽咀嚼：繁殖メスをストールなどの身動きのとれない施設で隔離すると，餌が与えられていないのにもかかわらず，咀嚼様の行動を示すことがある．常同化する．

② 自　慰：オスは，メスがいなくても，陰茎を鞘から出し，ぐるぐる回転させながら，精液を排出することがまれにみられる．

ヤギ

① 歯ぎしり：転位行動や転嫁行動の出現状況下で，口に何も入っていないのに，歯をくいしばり，擦り音を出す．個体差が大きい．

② 自　慰：オスは自分の陰茎を舐めたり，くわえたりすることがある．この動作は尿散布（p.124参照）と似ているが，排尿はない．

ヒツジ

① 自　慰：ヤギに似る．しかし頻度は低い．

ニワトリ

① 砂浴び様行動：通常のケージ飼育中，あたかも砂があるかのように砂浴びと同様の行動を示す．

② 地面掻き様行動：通常のケージ飼育中，採食時にあたかも地面があるかのように足で床面を掻く．

③ 巣づくり様行動：通常のケージ飼育中，放卵前にあたかも巣の材料を集め並べるように，伏臥位で前から後ろへ何かを運ぶような動作をする．

イヌ

① 走り回る：給餌直前や排泄直後などに，突然その場を旋回する行動や一心不乱に走り回ることがある．捕食行動の転嫁の可能性がある．

② 自　慰：オスが乗駕行動のような動きをとり，自分の陰茎を舐める．

ネ　コ
　① 埋める：排泄物や嫌悪臭のする食物などに出会った際に，ニオイを嗅ぎ，前肢で床を掻き，砂で埋めようとするようなしぐさをすることがある．
　② 発　声：とくに目的もなく，鳴きつづけることがある．
　③ 走り回る：排泄前後などに，立毛し瞳孔が散大した興奮状態で一心不乱に走り回ることがある．
　④ 自　慰：オスが自分の陰茎を激しく舐めたり，ぬいぐるみや家具などに乗駕姿勢をとる．

3.6　異常行動

　異常行動とは，様式上，頻度上あるいは強度上で正常（適応上）から逸脱した行動をいう．行動とは硬直的であると同時に可塑的でもあり，正常の範囲を規定することは困難であるが，原因として長期間の葛藤・欲求不満状態，損傷や疾病による効果器および運動中枢の器質的変化，および行動発達過程での失宜が考えられている．ここでは，損傷や疾病由来の異常行動は獣医学分野での課題として除き，飼育環境由来の異常行動のみを扱う．長期間の葛藤・欲求不満状態では動物は行動することがその状況の改善に何の意味ももたないと学習する（learned helplessness），あるいは不動化することが適応的であると学習する（learned inacting）といわれている．これらを学習性無気力症と呼ぶ．ケージとか繋留ストールとかの単調な環境やスノコ床などのような元来もつ行動様式に合致しにくい施設・設備での長期飼育では，飼育環境の不自然さゆえの葛藤・欲求不満状態が持続し，それに伴って特殊化した異常行動が出現する．また，行動の発達過程においてはさまざまな外的・内的影響を強く受けるため，その結果，適応的でない異常行動も発達し得る．とくに，生殖行動では顕著に異常行動が出現する．しかし，不適切環境に対する適応は行動・心理・生理を駆使して起こるため，葛藤・異常行動の発現は個体により大きく異なる．

3.6.1　常同行動

　様式が一定し，規則的に繰り返される行動のうちで，普通にみられず，目的・機能がはっきりしない行動をいう．長期の葛藤・欲求不満状態に由来する行動である．

　常同行動を行うウシでは，呼吸器病が多く，増体も繁殖性も低いとか，ブタでは副腎皮質反応が高く，苦痛も解消されていないとするなど，常同行動は環境への不適応の表現とみなされている．しかし近年，常同行動に伴って，下垂体-副腎皮質系活性が抑えられたとか，胃潰瘍などが少なくなったなど，ストレス関連の生理的指標が抑えられたという報告，あるいは内因性オピオイドペプチド（鎮静作用など，モルヒネ様の薬理作用を示す）分泌が高まり，苦痛が解消された可能性を示唆する報告，さらに不適切環境に対する忌避性が落ちたとする報告など，常同行動を不適切環境に対する適応行動とする仮説も提起されている．さらなる研究は不可欠であるが，いずれにせよ多くの常同行動の出現の発端は，長期の葛藤・欲求不満というストレス状態であり，また，たとえ常同行動をしている個体は適応しているとしても，このような適応戦術の変更ができない個体も多く，群全体に対する飼育環境の不適切さはいなめない．さらに，常同行動自体の自壊性（たとえば，ウマのさく癖は胃拡張，疝痛，慢性腸カタルなどをもたらす），繰り返されることによる時間浪費性などから，常同行動が出現する飼育環境は，その見直しが必要とされる．

　常同行動は，ドーパミン系の活性化と関係するとの報告もあるとおり，器質的変化（脳の変化）を伴う可能性も指摘されている．

ウ シ

① 舌遊び：人工哺乳経験牛，細切粗飼料給与牛，繋留牛に多くみられる．舌を口の外に長く出したり，舌を左右に動かしたり，舌先を丸めたりする動作を持続的に行う．

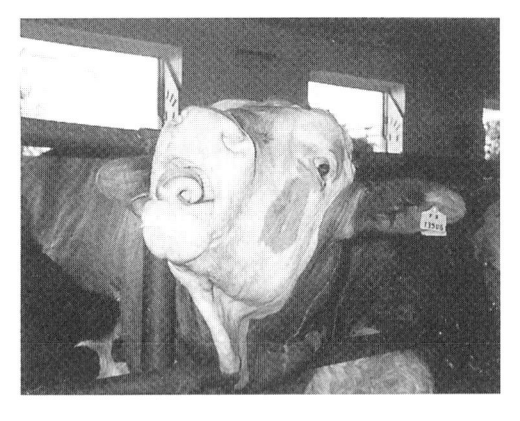

② 異物舐め：柵，餌の入っていない飼槽，飲水器の付属物，水の表面，鉱塩などを常同的に舐める．そのときの舌の動きは，舌遊びの動作に類似し，舌遊びに連鎖して発現する．

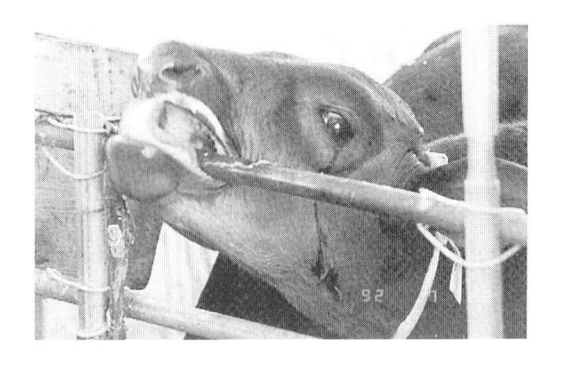

③ 熊　癖：繋留で飼育すると，連続的に左右の前肢に交互に体重をかけて体を揺らす個体が出る．

ウ　マ

① さく癖：門歯を突起物にひっかけ顎をひいて音を出す行動．このときに空気を飲み込む個体もいる．

② 熊　癖：体を際限なくリズミカルに左右に揺らす行動．激しくなるとあたかもステップを踏むかのように前肢を交互に挙上するようになる．
③ 回ゆう癖：馬房やパドックをおおむね同じ方向にぐるぐる回りつづける行動．

ブタ
① 柵かじり．② 偽咀嚼：転嫁行動や真空行動の常同化した形．

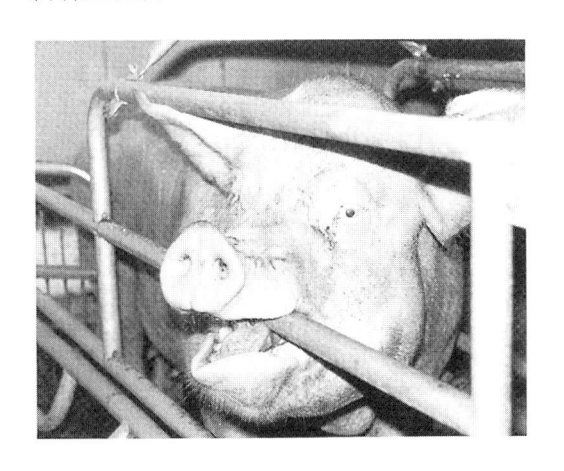

ヤギ
① 頭回転：頭を上に反らし，1回転させる．この動作が繰り返される．長期間の繋留や長時間の葛藤状態で出現するともいわれる．

ヒツジ
① 往復歩行：同じ所を行ったり来たり，前後に体を揺する行動．
② 頭回転：ヤギと同様．

ニワトリ
① 往復歩行：狭い単調なケージ飼育時においてみられる．体を左右に振りながらのケージ内での足踏みで，頭上下や頭振りを伴い，ケージからの脱出動作に発展することが多い．

② 頭上下：定型的な頭の上げ下げで，狭い単調なケージ飼育時に起こりやすい．
③ 頭振り：頭を絶えず左右に振りつづけ，あるいは傾ける．

イヌ
① 往復歩行：狭い飼育舎などで同じところを歩きつづける．
② 尾追い：小さな円を描くように旋回しながら，自分の尾を追いかける．吠えたり，うなったり，かん高い発声を伴うことが多い．
③ 舐める・噛む：体毛や皮膚を噛む．肢端舐性皮膚炎や肢端舐性肉芽腫を伴うことがある．
④ 脇腹吸い：ドーベルマンのような一部の犬種では，脇腹を吸いつづけることがある．
⑤ 凝視と吠え：何かをじっと見つめつづけたり，それに向かって吠える．光や影を追いつづけることもある．
⑥ 空気噛み：ハエを捕獲するごとく，ジャンプをしながら空気を噛みつづける．

ネコ
① 往復歩行：狭い飼育舎などで，同じところを歩いたり登ったりしつづける．
② 体毛や皮膚を舐める・吸う・噛む：後半身，大腿部内側，腹部腹側の被毛や乳首に対して過剰に舐める，吸う，噛むという行動をとることにより，被毛がなくなってしまったり，皮膚を傷つけてしまうことがある．

③ 尾追い：小さな円を描くように旋回しながら，自分の尾を追いかける．

クマ

① 熊　癖：体と頭部を連続的に左右に揺らす行動．

② 往復歩行：決まった経路を何度も連続して歩く．方向転換を行う際に，頭回転を伴うことがある．

③ 頭回転：後肢で立ち，頭を上にそらし1回転させる．移動中に断続的に行ったり，往復歩行の途中に方向転換する際に行う．

④ 後肢ジャンプ：後肢で立ち，前肢を壁につけ，その場で跳び上がる行動を繰り返す．

チンパンジー

① 熊　癖：ロッキング．座りながら体を小刻みに前後あるいは左右に揺らす．写真では膝を曲げて左右に開き，股間に前肢を置く姿勢をとっている．不安の表情を浮かべ，飼育環境では長時間繰り返すこともある．年齢にかかわらずみられる異常行動の一つ．

3.6.2 変則行動

これまで，家畜が元来もつ行動様式を詳細に説明してきたが，これらの行動が安楽に行えない状況では，行動様式は変容しやすい．有蹄類では，とくに，滑りやすいスノコ床での起立・伏臥は困難となる．雄ウシやケージなどで飼養されている子ウシでは後駆から座る変則的伏臥行動がみられる．妊娠ブタでも，敷料のないストール飼育下や群飼でも高密下では，犬座姿勢による長時間の休息がみられる．常同行動である偽咀嚼がこの姿勢中に同時にみられる場合もあり，削痩豚症候群と関連して出現することも

ある．犬座姿勢は長時間続くため，尿道の感染による膀胱炎や腎炎をもたらし，さらには流産や膿毒症にも発展する可能性が指摘され，飼育上の重要な問題となっている．

ウシ

① 犬座姿勢：スノコ床飼育の肥育オスで多く出現し，床を嗅いだり，足踏みしたりした後，前肢を伸ばし立てた姿勢で，腰をドロしてイヌのように座る．体重の重い成オスや成メスでもときには発現する．体重の重い成オスの犬座姿勢は，正常な姿勢であるとする見方もある．

ウマ

① 犬座姿勢：変則的な犬座姿勢でじっとする行動がみられる場合もある．

3.6.3 異常反応

枠場や繋留のような単純な環境で飼育すると，環境からの刺激に対する反応性が異常，すなわち，無関心あるいは過剰反応となる．環境の変化に対してきわめて無関心になる場合には，不測の事態に対する対応が遅れたり，性的刺激に対する反応がみられなくなったり，飼育上の大きな問題ともなる．前述した繁殖豚の不動犬座姿勢では，一般に周囲の変化にも反応がなくなり，無関心行動の一つでもある．他方，単純環境でも大群飼育や過密化の場合は，過剰反応にもなる．些細な刺激に対し過剰な逃走行動が出現し，群全体に広がり，ときには隅に重なりあい，窒息するほどの群がり現象となる場合もある．

ウシ

① 無関心：群から離れて立ちつくすなど，環境からの刺激に対する反応が極度に弱まる．

ウマ

① 咬癖：個体によっては咬みつき行動を異常に多く示す場合がある．過剰な攻撃．
② 蹴癖：接近や接触に対して過剰に蹴る．過剰な防衛．
③ 無関心：環境の変化に対して関心を示さない個体が存在する．
④ 後立ち：拘束や痛みを逃れるために後肢で立ち上がる行動を常習化した個体が存在する．
⑤ 多飲多食：多飲多食の結果，胃破裂に至る個体が存在する．
⑥ 食糞：子ウマにおける食糞は正常な行動だが，成畜ではまれである．栄養のアンバランス，寄生虫感染などが要因とされている．

ブタ

① 無関心：犬座姿勢でときには柵や壁に寄りかかり，眼を閉じたりして頭をうなだれる．敷料のない枠場飼育の繁殖豚や肥育豚でみられる．
② 食糞：尾かじりと連動し，外陰部をマッサージしながら糞も食べる．
③ 多飲多食：集約畜産下ではとくに不断給水のため，頻繁に飲水を繰り返し，過度の水分摂取となる場合がある．

ニワトリ

① ヒステリア：飼育密度が高い場合，酷暑期に特定の系統に多く発生する．外部刺激に過剰に反応し，パニック状態になり，圧死，卵墜，軟・破卵の増加，産卵低下など，重大な損失をもたらす．

② 多飲症：暑熱時の給水直後，水遊びなどをさかんに行い，肉垂を濡らし，水を周辺にまきちらし，また，一時に大量に飲水するため，排泄物中の水分含量が異常に増える．暑熱時には，頭を下にしたとき，水様の吐出物を吐き戻すため，給餌樋の中の残滓が酸敗することがある．

③ 硬直化：体躯を保定後に解放したり，背中を床面につけてしばらく仰臥位をとらすと，手を離してもしばらく体を硬くしたままの姿を保つ．その持続時間は，恐怖反応性の評価に使われる．

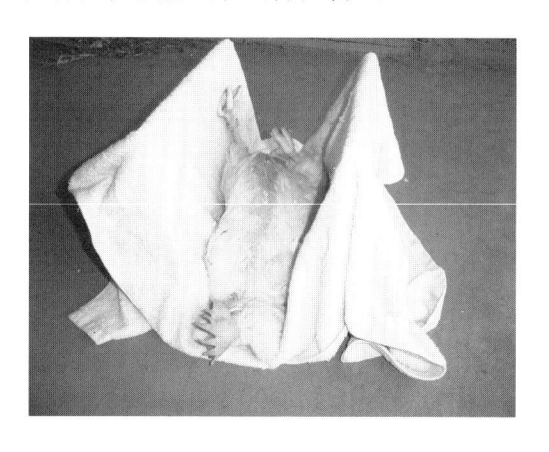

イヌ

① 恐怖症：動物の恐れは適応的な反応で正常行動の一部であるが，恐怖症はイヌが刺激または期待される刺激を提示されたときに非特異的な兆候を示す．大半の恐怖反応は学習され，段階的暴露によって消去されるが，恐怖症の反応は急速に出現し，段階的暴露もしくは長期間の暴露によっても消去されない．その恐怖症は，正常な恐怖反応に由来するものか，それともその始まりから神経科学的に異常な反応に由来するものなのか区別することが必要である．多くのイヌが怖がる刺激として，雷や雷雨を連想させる諸要素（風，稲光，気圧の変化，暗さ，酸素濃度の変化など），ピストルなどの発砲音，車など乗物のエンジン音，花火の音があげられる．恐怖症のイヌの反応には個体差があるが，流涎，パンティング，不安定な視線，震え，運動量の増加，排便・排尿，嘔吐，破壊行動，大きな声で間欠的（または非間欠的）に吠える，鼻をならす，遠吠えする，その場から逃げだそうとする，隠れる，一時的な食欲不振などの徴候が認められる．

② 多飲多食：不安障害や常同障害などの徴候として，必要量以上の水や食物を摂取することがある．

③ 食　糞：食糞行動の多くは，遊びや学習，情報収集に関係しているが，栄養価の低い食餌の摂取や食餌量の不足，もしくは不安障害や常同障害に起因していることも考えられる．これらの場合，自分の糞に限らず他の動物の糞を食べることもある．出産後の母イヌは，子の排泄行動を促すために肛門周辺を舐めその排泄物を食べるが，母性行動における糞の摂取は正常な行動である．

④ 異　嗜：プラスチックや織物，石や砂など異物を摂食する．食糞することもある．

ネ　コ
　① 異　嗜：ビニールや糸，ウールなどの異物を舐めたり，噛みつづける．摂食してしまうことも多い．

ク　マ
　① 食　糞：他個体や自分の糞を摂食する．

チンパンジー
　① 食糞・飲尿：自身の糞や尿を手で受けて食べたり，口で操作する行動．糞を壁になすりつける，なすりつけた糞の中から未消化物を選んで食べる，糞すべてを食べてしまうものなどがある．多くの飼育チンパンジーでみられる異常行動．

　② 吐き戻し：食べたものを吐いて，吐瀉物を再度食べる一連の行動．食後や空腹時など，さまざまな場面で出現する．吐きやすくするために水を飲んだり，立って頭を低くする．胃液の逆流によって消化管を傷つける．飼育下の異常行動では一般的．

3.6.4 異常生殖行動

　生殖行動は，個体を維持する行動と矛盾する形で成立する場合が多く，しかも複雑な様式や行動連鎖でもって完了する繊細な行動であるため，発達過程での失宜も多い．まず，脳の性分化の臨界期は短期間であるため，フリーマーチン牛の雌性行動の欠如など，ホルモン分泌異常による脳の性分化失宜に伴う性的異常行動がある．第2には，性的経験失宜に伴う性的異常行動がある．隔離飼育は，オスの性行動に影響し，頭から乗るなどの乗駕方向の異常や陰萎の原因となる．第3には，環境の不適性に伴う性的および母性的異常行動がある．オスでは，騒音の多い場所や社会的順位の高い個体の存在のもとで，陰萎がみられる．メスでは，巣づくり行動をさせなかったり，分娩時にヒトの介入が多かったり，騒音が多かったり，あるいは高順位の個体の存在のもとで，子の世話をしないとか，子に攻撃するとか，子を殺し食べるなどの異常行動がみられる．これは初産の動物に多く，経験の影響も知られている．

ウシ

　① 授乳拒否：自分の子ウシが吸乳しようとしても，蹴ったり，体位を変えたりして授乳しようとしない．初産牛に多い．
　② オス間乗駕：群飼オス肥育では，オス同士で乗駕が頻発し，射精にまで至ることがある．

ウマ

　① 授乳拒否：子ウマに対する授乳を母ウマが拒否するもので，初産馬にまれにみられるとされる．授乳を避けようとするばかりでなく，子ウマに対する攻撃がみられる場合もある．

ブタ

　① 子殺し：初産豚の分娩中や分娩直後に出現しやすく，届く範囲のすべての子ブタを殺し，食べる．とくに頭に近づく子ブタは狙われる．殺すだけの場合や一部だけしか食べない場合もある．
　② 授乳拒否：ヤギと同様．

ヤギ

　① 授乳拒否：吸乳しようとする子ヤギを，母ヤギが頭や後肢で払いのける，動き回って回避する，攻撃する，などによって授乳を拒否する．
　② オス間乗駕：発情メスに多数のオスが殺到したときに突発的に起こる．

ヒツジ

　① 授乳拒否：母ヒツジが吸乳しようとする子ヒツジを拒否し，体位を変えたり後肢で振り払ったり，頭突きで押しのけたりする行動．
　② オス間乗駕：オス同士の群においては，乗駕，フレーメン，陰部嗅ぎなど，オスがメスに対して行うのと同様の求愛行動を示すことがある．メスのみの群内では，乗駕はほとんどみられない．

ニワトリ

　① オス間乗駕：オスが他のオスに乗駕する．メスの存在が少ないときによくみられる．

イヌ

　① 授乳拒否：母イヌが吸乳しようとする子イヌに対して体位を変える，鼻先や後肢で払いのけるなどして吸乳を拒否する．子イヌに対する攻撃がみられる場合もある．

② 子殺し：分娩中や分娩直後に子イヌを殺し，摂食する．初産のイヌでは，出産後の舐めすぎにより子を殺してしまうこともある．
③ オス間乗駕：去勢オスに未去勢オスが乗駕し，射精に至ることがある．

ネ コ
① 授乳拒否：母ネコが吸乳しようとする子ネコに対して体位を変えたり，前肢で払いのけるなどして吸乳を拒否する．
② 子殺し：分娩中や分娩直後に母ネコが子ネコを殺し，摂食する．
③ オス間乗駕：主として未去勢オスが，去勢オスやぬいぐるみなどに乗駕し，射精に至ることもある．

3.6.5 その他の異常行動

ウ シ
① 飼料掻き上げ：飼料を口にくわえたままで頭をはね上げ，飼料を上方に飛ばす．

ウ マ
① 舌出し：口唇から舌を出した状態でいる個体．ハミを舌で外すことを覚えた個体が普段も舌を出しているという場合もある．

ニワトリ
① 食卵癖：巣外卵を放置すると破卵になりやすく，これを食べて味を覚えた個体が故意に卵を破る癖がついたもの．

ケージ飼育では，暑熱時に断水など給水忘れがあったときに，転がらずにケージ内に留まった卵を自分で破り，味を覚え，破る癖となる場合がある．

チンパンジー

① アイポーク：ものを凝視するときに，指先を眼に当てる異常行動．指の当て方はさまざまある．個体によっては高頻度で出現する．

クマ

① 物乞い：動物展示施設において観客からの給餌が行われている場合など，餌を自分へ投げてもらうために，観客へアピールする行動．後肢で立ち上がり前肢を振る，前肢を打ちあわせ音を出す，犬座姿勢で前肢を振るなどする．観客による給餌という飼育下において，餌を得るための適応的行動と考えられる．野生下では出現しない．

4. 社 会 構 造

◊ 4.1 ウ シ ◊

4.1.1 野生種の生活
a. 祖先種の生態的地位

　家畜ウシ（*Bos taurus*：北方系ウシ，*Bos indicus*：インド系ウシ：両者とも染色体数は同じで，その間では交雑は容易であるし，その子孫は完全に妊性を有するので，同種とするのが一般的）はウシ科ウシ属に属し，その祖先種はユーラシア大陸およびアフリカ大陸に広く分布していた原牛（aurochs：*Bos primigenius*）といわれている．しかし，北方系ウシとインド系ウシの分岐は20万年前頃といわれており，家畜化の時期であった1万年前頃よりはるかに古い．原牛は狩猟の対象として乱獲され，あるいは地球の乾燥化に伴い生息地帯である森林の消滅とともに急速に減少し，1627年にポーランドの森で半家畜化されて保存されていたメス1頭を最後に絶滅した．その後，ミュンヘンおよびベルリン動物園で原牛が戻し交雑を繰り返し復元されたが，その復元過程において性格も変容したという．すなわち，オスはちょっとしたことで苛立ち，苛立つとすぐ攻撃するようになり，子つきのメスも非常に攻撃的となった．再野生化すると，すぐに神経質となり，ヒトの接近に遠距離から反応するようになり，同じ場に住んでいたアカシカよりみつけにくくなったという．このようにウシは森林生息性といわれてきた．しかし，トルカナの遊牧家畜間（ウシ，ロバ，ヒツジ，ヤギ，ラクダ）の食性比較でも，口之島野生化牛の食性調査でも，木本を摂食するブラウザー（browser）ではまったくなく，典型的なグレイザー（grazer）であることが示され，食物として森林植生が利用されたとは考えにくい．しかも，アメリカの原野放牧牛の調査では，ウシは平地を好み，傾斜度30％以上の土地はまったく利用しないことも報告（図5）され，森林は単に休息時のシェルターの意味を有していたものと推察される．

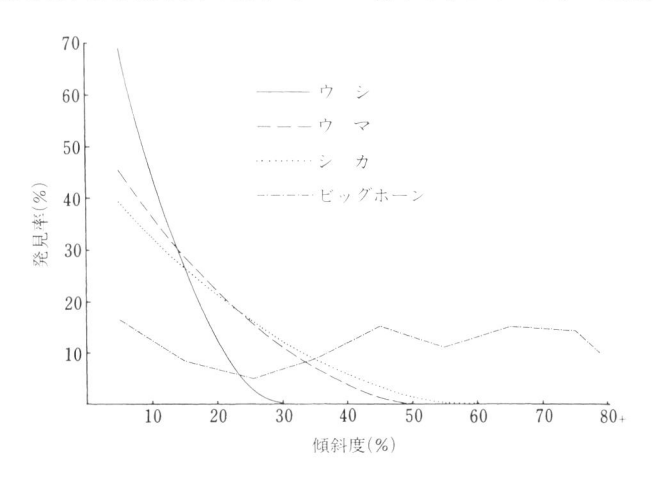

図5　オレゴン州の山地傾斜地における傾斜度と各種動物の発現率との関係（Ganskopp & Vavra, 1987）
　　ビッグホーンについては，1次ならびに2次回帰式が有意でないため生データを使用した．

戻し交雑で復元された原牛

イギリスの公園牛

ウシ属の亜属に属するものとして，インドやスンダ島の叢林中に生息しているジャングル牛であるバンテン（*Bos javanicus*，家畜型はバリウシ）とガウール（*Bos gaurus*，家畜型はミタン），チベットや中央アジアの高山地帯に生息・飼育されているヤク（野生種：*Bos mutus*，家畜種：*Bos grunnies*），ヨーロッパの森林やアメリカの草原に生息していたバイソン（それぞれ *Bison banasus* と *Bison bison*）および南アジアの高温高湿地帯に広く分布していた水牛（*Bubalus arnee*）がある．1000万年前頃に分岐した水牛を除き，300万年前頃までにそれぞれ分岐した．水牛を除き家畜ウシと交配でき，雑種のメスは生殖能力を有すること，そしてヘモグロビンβ鎖の多型や血液タンパク多型の調査から，家畜牛への他の亜属からの遺伝的関与が明らかになっている．

b． 群サイズおよび行動圏

家畜牛の直接的祖先と目される原牛が絶滅したため，その生活を知ることはできないが，世界には，家畜牛が再野生化したいくつかの群が存在する．ニュージーランドのオークランド島，南インド洋のアムステルダム島，セーシェル諸島，スペインのバス

口之島の野生化牛

ク地方，西ピレネー地方，ハワイ，フォークランド島，コロンビア，イギリスの公園牛，オークニー諸島，フランスのカマルグ，アリューシャン列島そして日本の鹿児島県トカラ列島口之島に生息が知られている．それぞれの気候や地形に適応して生活してきたため，共通的な形態的特徴は見出せないが，体格の小型化が一般的である．

このように，いくつかの野生化牛が存在するが，群サイズや行動圏までが詳細に観察された例は少なく，イギリスの公園牛および日本のトカラ牛にその報告をみるにすぎない．しかも，イギリスの公園牛は密度が高く，冬期間補助飼料の給与が行われるため，それに伴う社会行動の増加そして社会構造の変化を無視できないし，トカラ牛でも2年に1度のオスの間引きが行われており，それに伴いオスの影響の低下などを無視するわけにはいかない．

イギリス公園牛は，8割程度の草原と2割程度の林地からなる135 haに50頭ほどがほとんど人間の管理なしに囲い込まれている．成オスは2～3群のかなりメンバーの固定したグループをつくり，各グループは固定した行動圏を動いている．若オス（4歳以下），成メスおよび子は1群あるいは小群のセットとしてオスの各行動圏をまたがり，公園全体を回遊していると報告されている．行動圏は防衛はされず，なわばりとはなっていないが，社会的に優位な個体は広くなる傾向にあるという．オスの誇示行動である前掻き行動が頻発するため，公園に穴がよくできるとも報告されている．間引きは行われないにもかかわらず，性比はメスに片寄り6割以上となっており，メスの育成率の高さ，長寿性も示唆されている．

口之島では，野生化牛の生息地は照葉樹林が69％，竹林が20％，杉植林地が5％，草原が3％および道路沿いの裸地が3％の7.2 km^{2}の森林であり，原牛の生息地に類似し，元来の社会生活を類推でき

る．そこに75頭程度のウシが存在し，性はメスに片寄り（60％），しかもメスの平均年齢が高い構成となっている．一般的な生活パターンは，日の出過ぎから草原あるいは道路沿いなどの開けた所で1時間程度摂食し，日が高くなり，直射日光が当たりはじめる7時半頃には林地へ入り休息する．日中も林地内で下草摂食がみられ，16時半以降，直射日光がなくなるとともに，林地から再び草原や道路に出てきて摂食するというものであった．まさに摂食は草原で行われ，森林はシェルターとして利用されており，ウシは森林と草原の境界の動物として進化してきたといえるのかも知れない．群サイズは，1〜8頭（授乳中の子は頭数に数えない）で，平均1.8頭となり，全発見牛群のうち，32％は単独行動であった．森林内では単独で行動するが，草原では8頭群も出現し，生息環境に適応した社会構造をとれる柔軟な行動能力を有しているともいえる．行動圏は個体ごとに長年にわたり固定的で，面積は30〜50 haで性差はみられなかった．行動圏を共有するグループが存在し，それらはたがいに出合っても闘争することはなく，顔見知り関係を形成していることも知られている．隠岐島の放牧牛の調査でも各農家ごとのウシの行動圏が報告されており，それは24〜25 haとされている．

4.1.2 社会構造（放飼・舎飼下）

野生状態下のウシが群を形成したのは，群居性がその環境下での生存効果を高めるための適応行動であり，ウシはそれを生存戦略として選択したにすぎない．ところが家畜化されて久しい家畜ウシでも，外敵がほとんど存在せず，またエサを探さずにすむにもかかわらず，群飼とすると放牧地などではさほど分散せず，また舎飼環境下では特徴ある社会行動を示す．これらは育種改良の中でこのような行動が選抜淘汰の対象にならなかったことにもよるのであろう．

群を形成することは外の環境に対する適応行動である．しかし，群で生活することにより，常時近接する位置に同種の他個体が存在するという新たな環境，社会環境を生み出した．この社会環境に適応するために群内の個体は適応行動として社会行動を発達させ，それを構造化した．家畜種では比較的小さい面積で群飼されることが多いため，この群内の環境に適応する社会行動が先鋭化した部分がある．

群であることの物理的な構造は社会空間行動により定義される．比較的広大な放牧地では社会距離保持行動であり，柵や壁で仕切られた舎飼環境下では個体距離保持行動による．ウシでは個体距離は5 m以内で，密度を高めても体を入れ替え直視を避けて1 m程度の個体距離を保持する．広大な放牧地での摂食時にはその社会距離はかなりなものになるが，休息時にはやはり5 m以内の距離で休息する．

常時他のウシが近隣に存在する事実は飼料や休息場所をめぐる競合を誘起するだろう．これに対して，牛群は敵対行動におけるたがいの力関係-優劣度を闘争や幼齢時の社会的遊戯行動により学習し，優劣関係を構造として形成する．よく発達したこの優劣関係は，牛群内で物理的な敵対行動である頭突き押しの発生を抑制し，威嚇や回避といった実際のダメージを生まない非物理的敵対行動を発展させる．また，個体間の親和行動は社会行動の圧力を緩和する．

牛群内の優劣関係は社会的順位とか優劣順位とか，社会的階級といった用語で呼ばれ研究されてきた．しかし，従来の研究は大半の牛群内でこの「順位」が非直線的であり，群によってはあいまいなものであることを示している．したがって，群全体を単一な直線で結ぶ「順位」で考えるより2頭間の学習された関係が網の目のように全体を覆う構造を想定した方が適切であろう．これは各2頭間の個体距離保持行動によって形成される空間構造に類似する．

この優劣関係に影響する要因として年齢，体重，体格，群への先住度などが研究されてきた．同じ月齢の肉用牛群では全体を通して影響する要因は見つかりがたく，月齢差の大きい搾乳牛群などでは齢が大きく影響し，次いで齢に起因する体重差が群全体の優劣関係に影響する．品種差，性差などもこの関係に影響するといわれているが，実際は品種差，性差に起因する体重差が影響するものであろう．

牛群は外界に対する適応機構であるが同時に内部の個体に対する社会環境でもある．この社会環境に対して働く適応機構が社会空間行動とその他の社会行動である．ゆえに，群は適応機構であると同時に環境であるという二重の構造性をもつ．また群内の適応機構は構造的に社会空間行動とその他の社会行動の二つにより成り立っている．

これらの構造と家畜生産との関係を図6に示した．上記の二重の構造性はそれぞれ重なりあう円で表され，この重なりあう部分に社会空間行動とその他の社会行動の構造が形成される．飼養環境が良好な場合，この適応機構は群と個体両者の発展に寄与するだろう．すなわち，飼料の質・量や牛舎の面積・

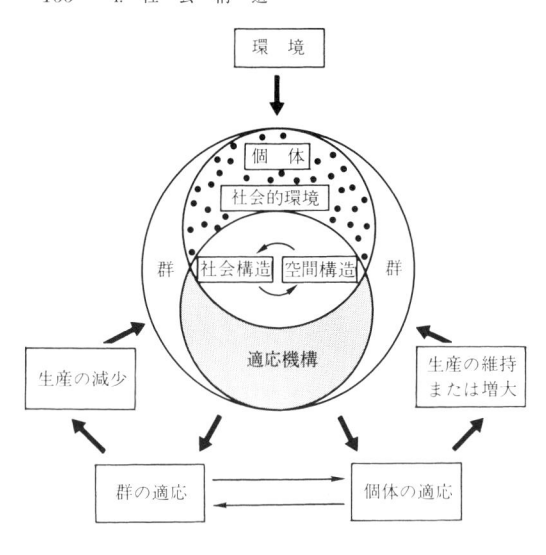

図6 牛群の構造（近藤誠司，1987）

換気などが十分であれば群内は優劣関係をもとにして飼料や休息場所を分けあい，十分な個体間距離により物理的に争うことなく群居生活を送り，結果的に個体は良好な生産成績をあげることができる．飼料の質・量に不足があれば優位個体の劣位個体に対する攻撃は激しく，劣位個体は物理的にダメージを受けるだろう．空間的に十分個体間距離がない場合も劣位個体は常時優位個体の個体距離以内の場所を横切り，激しい攻撃が繰り返されるだろう．この状態が長く続けば劣位個体は死亡し，結果的に密度を下げ，残った個体の環境は改善されるが，全体としての家畜生産は低下する．

実際には家畜生産が低下するほど強い影響は単一の要因では表れない．空間の不足や，不適切な飼料の質・量，換気，環境温などさまざまな要因が複数で加わったときに顕在化する．

4.1.3 コミュニケーション

ウシの個体間のコミュニケーションについては研究の少ない分野であり，不明な部分が多い．ウシ自体が有する感覚器の感知能力については徐々に研究が進展しておりいくつかの事柄が明らかとなっている．たとえば，ウシは従来色の識別は不可能と信じられていたが，弁別試験の結果，赤や緑を識別できることがわかり，ランドルト環を用いた視力検査はウシが比較的強い近視であることを明らかにしている．性臭に関する試験の結果，種雄牛はきわめて近距離でしかそのニオイを嗅ぎ分けられなかった．

性行動を例にとると，メスの動き回りはオス自体の視覚に訴えるものであり，性的探査は，おそらくまずメス同士の乗駕・追従などの性的誇示群の発見が第一歩であろう．発情個体を発見し，陰部および尿から性臭を感知し，尿舐めでは味覚さえ動員する．陰部舐め・揉みは接触による雌雄間のコミュニケーションであるといえる．また顎乗せにより，オスはメスの発情の状態を質問し，逃げるか静止するかで回答を得る．

ウシの発声は他の家畜種に比べて単純である．閉口による発声である 'mm'（ンー），閉口声から開口声に移る 'men'（ンモー），開口声である 'enh'（オー），閉口声から開口声に移る発声であるが音圧も周波数も高い 'menenh'（ンモーオー），さらにそれらの繰り返し発声くらいしか識別されない．興奮の程度が増すにつれて発声は強く，高く，長くなるが，特定の状況に特有の発声はない．

感覚器を用いたウシ個体間のコミュニケーションはかなり複雑な情報を交換しているものと思われる．この分野は今後の大きな課題として残されている．

4.2 ウ マ

4.2.1 野生下での生活
a. 祖先種の生態的地位

家畜化されているウマ（*Equus caballus*）はウマ科（Equoidae）ウマ属（*Equus*）に属している．ウマ属に含まれる動物種としてはウマの他，モウコノウマ（*Equus przewalskii*），アフリカノロバ（*Equus africanus*），アジアノロバ（*Equus hemionus*），サバンナシマウマ（*Equus burchelli*），ヤマシマウマ（*Equus zebra*），グレビーシマウマ（*Equus grevyi*）が現存している．このうちアフリカノロバは家畜ロバの野生種である．

ウマの野生種はすでに絶滅しており存在しない．モウコノウマをウマの祖先種とする意見もあるが，直接の祖先であるという見方には多くの研究者は否定的である．ただしモウコノウマはウマと染色体数は異なるものの（ウマ：$2n=64$，モウコノウマ：$2n=66$），種間の雑種は妊性を有することから，かなり近縁な動物同士であることはたしかである．

ウマ科動物は草をおもな摂取対象とする典型的なグレイザーで，草原を生息場所として進化してきた．

この間に，ウマは，共進化により固い細胞壁を有するようになったイネ科の草本も効率的に利用できる歯顎ならびに消化器系を備えるに至った．また，同時に体が大型化し，長時間の走行が可能な走力を発揮できるような体構造を獲得した．この体構造の変化は感覚器官の特殊化とともに捕食動物から身を守る上で適応的だったものと考えられる．

ウマ属の動物には二つのタイプの社会構造が認められる．一つはハレム群（典型的には1頭のオスと複数のメスならびにその子ウマ）と若オス群（複数の若いオス）の2種のバンドを形成しなわばりを定めずに生活する種で，ウマのほか，モウコノウマ，アジアノロバ，サバンナシマウマ，ヤマシマウマの各動物種がこのタイプの社会構造を示す．一方，アフリカノロバとグレビーシマウマはなわばりを形成し雌雄が分かれて生活する時期が存在する．

b. 群の特徴ならびに行動圏

前述のとおりウマの野生種は絶滅しているので，その生態を直接知ることはできない．しかし世界各地にはヒトによる管理の手を離れて再野生化したウマの集団が数多く存在している．これらの集団の生態，社会構造に関する情報は近年非常に増えている．

ウマは野生環境下では1頭で生活する個体も観察されるが，通常は生殖単位であるハレム群とおもにオスだけで構成される若オス群を形成する．ハレム群は多くの場合，性成熟に達した1頭のオスと複数のメスならびにその子ウマたちで構成されている．観察されたハレム群のサイズは2頭から最大21頭までと変異に富む．また生息地域ごとの平均サイズも3.4頭から12.3頭までのばらつきが認められる．これらハレム群の平均サイズの相違は，集団が生息している地域の植生ならびに個体密度に関連があると考えられる．また同一ハレム群に複数の成オスが観察される場合があるが，そういったバンドでは群サイズが大きくなる傾向が認められる．ただし，その場合でも大部分の交尾行動は優位なオスによって行われる．

ハレム群内の成オスのバンドへの帰属期間は平均2～3年とされるが10年以上にわたる場合もある．一方，メスは一生にわたって同じハレムに属している場合が多く，メンバーは固定的である．ハレム群で生まれた子ウマたちは2～3年以内にその群を出てゆき，多くの場合メスは他のハレム群に，オスは若オス群に加わる．子ウマがハレムを離れる年齢は飼料資源の多寡やバンド内の社会的圧力の強弱に左右される．

都井岬の再野生化馬

セーブル島の再野生化馬

若オス群は最大16頭までのバンドが観察されているが通常は4頭以下である．基本的にはオスのみで構成されているが，まれに性成熟に達していないメスが含まれていることもある．メンバーはハレム群ほど固定的ではない．バンド内では明らかな社会的順位が認められ，もっとも優位なオスがハレム群に帰属する可能性が高い．

各バンドはなわばりをもたず，たがいにオーバーラップしあう行動圏の中で生活している．行動圏の広さは最大78 km^2 に及ぶ集団が観察されている．

4.2.2 管理下における社会構造

ウマを放牧飼養する場合，1区画の放牧地に放牧する群のメンバーは人為的に構成される．通常，繁殖雌馬は離乳前の子ウマとともに群で飼養される．

また性成熟に達した雌雄は分離して飼養することが多く，種雄馬は単独飼育されるのが一般的である．こういった社会環境のもとでは，ウマが本来示しうる行動の一部は抑制されたり物理的に出現不可能なために出現しない．たとえば，一連の性行動の連鎖を観察することは不可能であるし，野生環境下でハレムのオスに特徴的なハーディングも出現しない．ただしそれぞれの群は固有の社会環境に依存した社会構造を形づくる．

放牧馬群がどういうメンバー構成であっても群内の個体間には社会的順位が認められる．ウマの社会的順位は威嚇ならびに回避行動を観察することで比較的容易に判定することができる．一般的に群の頭数が少なければ序列は直線的で単純であり，構成頭数が増えると複雑になる傾向が認められる．また一度できあがった社会的順位は1年以上も安定的であることが観察されている．ただし，繁殖雌馬群では，出産により産駒を養育しはじめたメスの順位が上昇することがまれに観察される．また，子ウマの社会的順位には母ウマの順位も大きく関係するとされている．

子ウマは出生後しばらくの間は常に母ウマのかたわらにいて，母ウマをもっぱら社会行動の対象とする．一方，母ウマは頻繁に子に対する世話行動を行い，自分の子に近づく他馬に対する威嚇行動も多く認められる．しかし子ウマの成長とともに母子間の平均距離は延長し，それと同時に子ウマの社会行動も他の同齢馬を対象とする頻度が高くなる．また母ウマによる他馬への威嚇頻度は減少する．さらに生後6か月齢くらいになると遊戯行動の性差が明確になるとともに，遊戯行動の組み合わせも同性同士であることが多くなる．

性成熟に達した育成期のウマは通常，雌雄を分けて放牧するが，それぞれの馬群の社会構造には明らかな性差が認められる．雌雄群ともに社会的順位が形成されるが，威嚇・回避行動の発生頻度は同一条件下ではメス群の方が高い．またメスの方が序列のパターンが単純なものとなる傾向が強く，たがいに近接しあう個体同士の組み合わせができやすい．同性，同齢群での社会的順位は各個体の体高や体重と相関していない．

4.2.3 コミュニケーション
a. 視覚的コミュニケーション
ウマは姿勢，表情，動作によって視覚的なコミュニケーションを行う．ウマの社会行動，生殖行動には大なり小なり視覚的コミュニケーションの要素が含まれている．これらのうち，オスの性行動を解発する発情メスの不動姿勢，優位個体の攻撃行動を抑制する若齢個体によるスナッピングなど，コミュニケーションとしての機能が生得的にプログラミングされていると思われる行動がある一方，威嚇個体の耳伏せに対する回避行動など，明らかに学習によって強化されると思われる行動も認められる．

b. 聴覚的コミュニケーション
ウマの発する音声は声帯を震わせて音を出すいわゆるいななきと称されるものと，声帯をふるわさずに鼻孔部から音を出す場合とがある．またスナッピングの際には歯を合わせるカチカチという音が発せられる．

ワーリング（G. H. Waring）はウマのいななきを長いいななき（nicker），高いいななき（squeal），低いいななき（whinny）などに分類している．長いいななきは約1.5秒間持続する高音で始まり低音で終わる音声で，おもにウマ同士が呼びあう際に発せられる．高いいななきは単一音で0.1〜1.7秒くらい持続するが，他個体の能動的な行動に対して反発する際に発せられ，警告の機能を有するものと考えられる．低いいななきは餌を要求するとき，授乳中のメスが子を気づかうとき，オスが性行動を行っている際などに発せられる．

c. 嗅覚的コミュニケーション
嗅覚的コミュニケーションはとくに野生環境下では重要な役割を果たしていると推察される．ハレムのオスは自分や他のオスの排泄物に重ねて糞や尿をすることが多い（ニオイつけ）．またメスの排泄物に対するハレムのオスによる排泄行動も観察されているがその場合は尿をかけることが多い．さらにハレムのオスは未知の個体の糞に遭遇すると，長時間その糞に対して探査行動を示すことが観察されている．オスによるニオイつけは，複数のバンドの行動圏が重なっている環境下では境界をしるす機能があるものと考えられる．

オスはメスの発情の有無をそのメスの尿のニオイで判断できるとされている．また母子間の相互識別には嗅覚が重要な役割を果たしていることが実証されている．

d. 触覚的コミュニケーション
触覚的コミュニケーションは性行動，母子行動，社会的探査行動，親和行動などの際に認められる．一連の性行動の中でみられる個体間の接触はたがいのリビドーを高める役割を果たしているものと考え

の親和的機能が確認されている.

4.3 ブ タ

4.3.1 イノシシの社会構造

ブタの祖先種はイノシシ（野猪）で，動物分類学上，イノシシ科イノシシ属に分類される．イノシシ属にはイノシシ種（*Sus scrofa*）のほかに，ヒゲイノシシ（*S. barbatus*），スンダイボイノシシ（*S. verrucosus*），コビトイノシシ（*S. salvanius*）など数種が属している．イノシシ種には多くの亜種があるが，大きくはヨーロッパイノシシ系とアジアイノシシ系およびその中間型のインドイノシシ系の三つに分けられ，それらの中のいくつかが家畜化されたと考えられている．

イノシシの成メスは，子と母系群をつくる．これが社会組織の基本単位であるが，ときには2～数家族が一群で生活することもあり，この場合，メス同士が母と娘など血縁関係にあることが多い．ニホンイノシシ（*S. scrofa leucomystax*）においては，血縁関係のある場合を除いて複数の母子群が一つの群を形成することはあまりみられず，これを単独型社会と呼ぶものもあるが，ヨーロッパイノシシにおいては，より大きな群をつくることが観察されており，群居性をもつといわれている．大家族群の場合においても，分娩のときはメスはその群を離れて巣づくりを行うが，とくに成熟した娘とその子を加えた，母-娘-孫の群の場合には，母と娘が一つの巣を共同で利用し，たがいの子の世話をすることもある．若いオスは小さな群をつくって共同生活をするが，成オスは，通常は群から離れて単独行動をとる．生殖期になると母系群に入り，若いオスを追い出して優位なオスが交尾を行う．

4.3.2 ブタの社会構造

ブタの社会構造も，基本的にはイノシシと同様である．再野生化したブタや半野生状態で飼育されているブタの観察においても，母系集団と，生殖期にだけそこに加わるオスという典型的な社会が報告されている．

わが国における一般的な飼育管理下においては，雌雄を混飼することは少なく，また分娩後の母子は離乳まで1組ずつ他と隔離されて飼育されることが多い．したがって，前述のようなブタ本来の社会構造は成立しえない環境にある．

a. 社会的順位関係

① 乳つき順位：子ブタは，生まれるとすぐに母ブタの乳頭に向かって移動し，とくに前部の乳頭を争うようにして吸乳する．各個体は，はじめはさまざまな乳頭から吸乳するが，次第に個体ごとに特定の乳頭から飲むようになる．この現象を乳つき順位といい，早いもので生後3日，遅くとも生後7日程度でこの順位が決まる．筆者らの研究によると，順位決定後は1頭ずつ放しても，同腹豚がいるときにつく乳頭と同じ乳頭を選択することが多い．個体によっては2～数個の乳頭から飲むものもみられるが，そのうちの一つの乳頭をとくに好むといわれている．なお，イノシシの子も同様の習性をもっている．

乳つき順位の決定には，娩出された順番や出生時体重，性などはとくに関係がないとされているが，体重の重い個体が前部の乳頭につくことが多い．また，前部の乳頭の方が後部よりも泌乳量が多い傾向にあるので，成長とともに体重差がより大きくなる．実験的には，小さな個体を生後早いうちに前方の乳頭につけることによって，その後の体重差を縮小できるが，産業的にはその処置の実施は困難であろう．

なお，乳つき順位は同腹内での幼齢期だけにみられる社会行動であるので，離乳後における後述の社会的順位とは異なる．また，乳つき順位は成長後の順位には直接は関係しないが，離乳期までの体重には影響し，その体重が社会的順位に影響するので，

放牧飼養の家畜豚群

離乳直後の社会的順位は乳つき順位の影響を間接的に受けることはある．

② 社会的順位：ブタにおける社会的順位は雌雄ともに認められ，同順位や三すくみなどの関係を含みながらも直線的順位型を示す．しかし，その関係は絶対的なものではなく，劣位の個体が優位個体を攻撃する場合もあり，相対的順位をとる．面識のない個体同士が相対すると，他の動物種でもみられるのと同様に，敵対行動が起こり，攻撃に対して一方が服従の姿勢をとり他方がそれを受け入れる．このような行動を幾度か繰り返すことによって優劣の関係が成立し，その関係をたがいに学習して，その後は，優位個体が一瞥する，あるいは鳴き声によって威嚇するだけで無駄な闘争を避ける儀式化された行動様式をとるようになる．一方で，個体間関係が安定した状態が長く続くと，順位の近い個体間で劣位のものから優位個体への攻撃が再発し，ときとして順位の交代が起こりうることも観察されている．このような順位の逆転は，中位あるいは劣位の個体間の方が優位個体間よりも起こりやすい．順位関係の維持には，嗅覚や視覚，聴覚などの感覚情報による個体認識が重要といわれているが，それぞれの感覚が単独で作用しているのではないと考えられる．なお，社会的順位が確立された群からある個体を除いても残った個体間の順位は変化しないこと，また優位個体を群から25日間離しておいても群に戻したときに改めて敵対行動が起こることはなく，その順位に変化がなかったことなど，個体認識の持続性についても報告されている．

一般に，体重のほか，活動性，とくに攻撃性が順位に関係するといわれているが，実験条件によってはそれらと社会的順位との間に必ずしも明確な関係が認められず，その他の要因によっても複雑に影響を受けるものと思われる．

社会的順位は生産性にも影響し，たとえば，8週齢時の体重はその17％が社会的順位に帰するべき原因によるという報告もある．また，個別飼育された場合よりも群飼においてより体重のばらつきが大きくなることも知られており，同腹の子ブタだけで群編成を行うなど，産業的にはなるべく闘争を少なくするような工夫が重要である．

b. 社会空間分布

一般に，飼育密度が増すと敵対行動が増加するといわれるが，密度だけでなく群の大きさも相互に関係するので一概には断定できない．小さな群においては，個体同士の認識が強く社会的順位も比較的安定しているので，敵対行動の回数が少ない反面，威嚇に対する反撃も観察されている．また，飼育密度や群の大きさは飼料要求率にも影響するので産業的にも大きな問題となる．

摂食場や飲水場，休息場などへの移動時における先導個体と追従個体を調査した結果によると，ある個体が移動を始めると近くの個体がそれに追従するというような現象がよくみられ，そのときの先導個体がリーダーのようにみえる．しかしながら，とくに優位個体に劣位個体が追従するというものではなく，またいつも特定の個体が先導することもみられないので，社会的順位とリーダーシップの発現との間には一定の関係は認められていない．ブタの社会関係はもっと友好的なようにみえ，複雑なものと考えられる．

4.3.3 コミュニケーション

感覚能力のうち，視覚についてはあまり発達していないと思われる．カードに描かれた形状や大きさ，および色の違いを識別させる学習は，ニオイの違いを識別させる学習に比べて非常に困難であることが報告されている．著者らの色覚に関する研究においても，ブタおよびイノシシともに，識別できる範囲がヒトや反芻動物に比べて狭く，青付近に限定されていることが示されている．

それに対して，聴覚および嗅覚はよく発達しており，個体間のコミュニケーションに重要な役割を果たしている．ブタの耳は相対的に短く，動きも小さいので，音響刺激に対しては頭全体を動かして定位する．ブタの鳴き声は約20種類に分類できるといわれ，少なくとも数種類はヒトでも容易に聞き分けられる．たとえば，休息時や闘争時，摂食時，あるいは母性行動時など，状況によってそれぞれ特徴的な声が認められ，聴覚的な信号は社会行動の成立にとって非常に重要であると考えられる．ブタの嗅覚もトリュフを探し出すことに利用されていることでわかるように，非常によく発達している．ブタ特有のニオイは，さまざまな分泌物によって発散されており，個体認識に役立っている．性行動においては，フェロモンが雌雄相互の行動連鎖に対して重要な嗅覚刺激となっていると考えられ，とくにメスはオスのアンドロジェン由来の強い牡臭によって個体認識をしている．その一方で，発情しているメスが発すニオイに対して，反芻家畜やウマなどでみられるようなフレーメンが，鼻と上唇の構造上，明確ではないことから，ブタにおいては，オスはメスの行動

的な特徴の方がフェロモンよりも発情発見に重要との見方もある．

なお，上述のように，ブタにおいて視覚はあまり重要ではないといわれていたが，著者らの授乳中の子ブタを用いた研究によると，子ブタが乳頭にたどり着くためには，嗅覚や聴覚よりも視覚がもっとも大きな役割をもつことが明らかにされている．

4.4 ヤ ギ

4.4.1 野生種の生活
a. 祖先種の生態的地位

家畜ヤギ（*Capra hircus* L.）は，ウシ科ヤギ亜科ヤギ属に属し，そこには家畜ヤギの祖先種とされるノヤギ（*Capra aegagrus aegagrus*）および家畜化されなかったアイベックス（ibex：*Capra ibex*）やツール（tur：*Capra caucasica*）が含まれる．ノヤギの中でもコーカサス，インド，トルキスタン，ペルシャ，小アジア，クレタ島などに生息するベゾアールヤギ（bezoarziege）およびトルキスタン，アフガニスタン，ベルチスタン，カラコルムなどに生息するマルコールヤギ（markhor goat：*Capra falconeri*）が家畜ヤギの原始形態を保有する動物で，祖先種として有力視されている．ベゾアールヤギもマルコールヤギもいずれも山岳獣であり，前者はとくに崖地に生息し，岩の多い山を好み，後者は岩の多い森を好み，ときどき平地に降りる生活をしているという．ヒツジ属（*Ovis*）もヤギ亜科に含まれ，闘争行動に関しては並行進化がみられ，頭部の形態は非常に類似している．しかし，大別すると両者はやや異なる生態的特徴をもち，ヤギ属は山岳地に住み，ブラウザーで，非常に餌の少ない場所でも生存できるのに対し，ヒツジ属は平原生息のグレイザーと分類される．

ヤギは家畜化された最初の動物と考えられているが，このようなヤギの山岳適応性や粗食耐性は，農家の生活を支える家畜としての意味合いが強く，企業的畜産には向かず，発展途上国に多い家畜となっている．

b. 群サイズおよび行動圏

粗食によく耐えるため，18～19世紀の初期の遠洋航海者により，生きた食料源として重宝され，ニュージーランド，オーストラリアをはじめハワイ，小笠原を含む多くの太平洋の島々に持ち込まれた．それらのヤギは，その後自然交配し，各地で野生化ヤギとして現存している．その62の個体群について群サイズのデータをラッジ（M. R. Rudge）はまとめ，平均3.8～24頭（中央値として2～10頭）を報告し，そのサイズは生息地の視界，個体群密度に

口之島の野生化ヤギ

左右され，ときには100～150頭にもなるとしている．小笠原諸島の父島での鹿野の調査によると，1日のうちでもグループの離散・集合がみられ，ルーズなグルーピングであるとし，観察された1,077グループのサイズは1～28頭（平均3.8頭）で，2頭群の頻度がもっとも高く30％で，そのうち56％は母子のペアであった．周年繁殖をする小笠原では，両性の成ヤギを含む群も高頻度（38.3％）で観察されている．季節繁殖をするニュージーランドなどでは，メス同士は母と子とその姉といった3～5頭の家族群をつくり，オスはオス同士で3～8頭の群をつくり，繁殖期に至り混群化することが知られている．しかし，小笠原でもオス同士群も高頻度でみられ，それらの群サイズは4頭以上が有意に多くなっている．鹿野は，小笠原では発情期と非発情期が短期間のうちに繰り返されているだけで，グルーピングの原則はニュージーランドなどで報告されているオス・メス分離型と基本的に同じであると考察している．鹿野はヤギの個体識別をした上で，行動圏も推定しているが，メスはある一定の地域を集中的に利用し，それを取り巻く40～50 haの土地を行動圏とし，それを同じにする個体の集団のあることを報告している．オスは特定の地域を集中して利用する性質はなく，約70 haの土地を遊動するとしている．

ニュージーランドの野生化ヤギでは 0.75～1 km² という行動圏の報告がある．いずれでも，行動圏の防衛はみられず，なわばり性は認められない．

4.4.2 社会構造

前述のとおり，メスの血縁グループとオスのやや大きなグループが核となり，交尾を目的にそれらの混群化がみられる社会を形成しているが，いずれにしろルーズな結びつきである．しかし，ヒトや他の動物種にも友好的であり，管理者との間にも強いきずなを形成しやすい性質ももつ．3.3.3 項でも述べたとおり多様な闘争行動を発達させ，明確な社会的優劣順位が認められ，それらは角の大きさ，体重に大きく依存し，除角で順位は大きく変動する．しかし，順位が確定した後の闘争行動は顕著ではなく，放牧群や野生化群内ではほとんどみられない．メス間の闘争行動も制限給餌などの飼育環境下ではみられるが，人間の管理による副産物（artifact）との見方が強い．

4.4.3 コミュニケーション

a．嗅覚的コミュニケーション

ヤギはフレーメンを頻発する動物で，1.1.1 項で述べたとおり，フレーメンは化学物質の検知に関与するため，嗅覚的コミュニケーションを多用すると考えられる．オスはメスの尿のほか，自分の尿や他のオスの尿にもフレーメンをし，メスは自身や他のメスの新生子によくフレーメンをする．それらの行動連鎖は，発情レベル，自己の状態（順位，健康など），新生子のニオイによる確認を示唆する．また母の子認知において，直接的には母性的舐行動を通して，間接的には哺乳を通して，母由来のニオイを子にラベルし，それを手がかりにしている可能性も示唆されている．

b．聴覚的コミュニケーション

ヤギは音にも敏感で，鼻を鳴らしたり，地たたきによって音を出したり，発声をしたりして，コミュニケーションを行う．オスのうなるような警戒声は他の個体によじ登り行動を誘発し，メスによる警戒声は 1 週齢以下の子に下草へのもぐり込み行動を誘発する（ヤギは置き去り型の母子関係）．そしてメスの閉口による振動声は置き去られた子を呼ぶときに使われる．

視覚，触覚，味覚などによるコミュニケーションも当然存在するが，その系統だった研究は多くはない．

4.5 ヒツジ

4.5.1 野生種の生活

現在，ヒツジの野生種は亜種も含めると 30～40 種あるとされているが，一般に種として，ムフロン（mouflon：*Ovis musimon* もしくは *Ovis orientalis*），ウリアル（urial：*Ovis vignei*），アルガリ（argali：*Ovis ammon* もしくは *Ovis poli*），ユキヒツジ（Siberian snow sheep：*Ovis nivicola*），ホラヅノヒツジ（dall，thinhorned もしくは stone sheep：*Ovis dalli*），ビッグホーン（big horn：*Ovis canadensis*）の六つをいうことが多い．このうち，前 4 種がユーラシアに存在し，後の 2 種が北米大陸に生息する．

ムフロンはアジア型とヨーロッパ型があるが，ヨーロッパ型のムフロンは，野生種として元来南ヨーロッパに存在したのではなく，家畜種として持ち込まれたものが逃げて再野生化したいわゆる feral であると考えられている．イギリス古代種ヒツジのソーイ種（Soay）はその成立にムフロンとアルガリの影響を受けているといわれる．ユキヒツジはシベリアに生息するアメリカタイプの野生ヒツジであり，アラスカに生息するホラヅノヒツジとよく似ている．ホラヅノヒツジとビッグホーンを合わせてマウンテンシープということもある．

これらのヒツジ類はおよそ 250 万年前の洪積期に生じ，大陸氷河や山岳氷河が後退した後の広大な山野に進出し，その新しい生活空間に適応して増殖し成功を収めた偶蹄類の反芻獣である．したがって，現在もこれらの種は山岳地帯にすむが，アジアタイプの野生ヒツジとアメリカタイプではその生息域は若干異なる．アジアタイプは開けた起伏のある山地，山麓，高原地帯にすみ，険しい山岳地帯には入らない．一方，アメリカタイプは切り立った岩場をその生息域としている．これはアジアタイプの野生ヒツジにはアイベックスというやはり山岳地帯にすむ野生偶蹄反芻獣と競合関係があり，結果的にやや低い地域をその生活圏としたものと考えられている．アジアタイプとアメリカタイプの違いは両者の体型にも表れており，アジアタイプの野生ヒツジが四肢が比較的長く均整のとれた体つきをしているのに比べアメリカタイプは四肢は短く胸が広く大きく発達し

カナダのマウンテンシープ　　　　　　　　　内モンゴルウラルアルタイにおけるヒツジの放牧

た肩と腰をもち，岩場を飛び回るのに適している．

これら野生ヒツジの行動については，マウンテンシープ，ウリアル，アルガリなどで調べられている．マウンテンシープなどアメリカタイプとウリアルおよびアルガリなどアジアタイプの野生ヒツジの行動に著しい差はなく，唯一敵対行動でアメリカタイプは劣位個体が服従姿勢をとらないが，アジアタイプは服従姿勢を示すところに差があるとされている．

マウンテンシープでの研究をもとに野生種のヒツジの社会行動を概説すると，これらの動物は群を形成して山岳部に住み，いくつかの隔たった行動圏をもち，これらを季節的に移動する．シカやガゼルの類と異なり，なわばりを守るといった行動はなく，強いリーダー制をもつ．メスは晩秋に発情し春に出産する．メスの発情時以外は，オスとメスは別々に群をつくる．発情期はオスの群は分解し，優位のオスがメスの群に入る．オスの群は離乳して母から離れた個体から成熟した個体までで形成され，メスの群は母とその子からなる．

オスの群内には常時激しい闘争行動がみられるのも特徴的である．しかし，群内の順位は明確に角の大きさに従っており，角の大きい個体ほど順位が高い．ゆえに，角をみることにより各個体は正確に自分の社会環境を把握できる．順位の高いものは生殖について優先権をもつ．一方，劣位個体は「攻撃」する権利をもち，その結果大部分の闘争行動は角の小さい劣位個体が優位の個体にチャレンジするところから始まる．

メスは非発情時には幼獣のようにふるまい，発情時には若いオスのようにふるまう．したがって，成熟した優位オスは，雌雄を区別せず，自分より劣位の個体として扱う．すなわち，野生ヒツジの社会行動は性差よりも体の大きさが重要な意味をもつ．

このことは，オスの群においては若いオスは成熟メスと区別されないことを意味する．その結果，優位オスの劣位オスに対する模擬乗駕行動が頻繁にみられるが，これらは正常で適応的であると考察されている．

メスの群のリーダーは，通常子を連れた年をとった個体である．どちらの群も行動圏に安定的に位置し，若い個体の分散を最小限にとどめている．その結果，各群の行動圏は伝統として次の世代に引き継がれていく．

山岳地帯に生息することから，草原に住むシカ類のように駿足にはならず，またなわばりを守ることもなく，強いリーダー制をもつ群を形成したこれらヒツジ類は，結果的に家畜化しやすかったといえるであろう．ヒツジの家畜化はおよそ紀元前9000年にメソポタミアで行われたといわれ，紀元前6000年には南ヨーロッパに，4000〜5000年前に北ヨーロッパに持ち込まれたと考えられている．現在はおよそ3,000種類以上，約11億6,000万頭を越すヒツジが世界中で飼われている．

4.5.2 社会構造

ヒツジの社会行動の特徴は，品種間の差が著しいという点にある．とくに空間分布については，個体間の距離が品種により著しく異なる．

ヒツジの空間分布は他の家畜同様，たがいにそれ以上近づかない距離である個体距離と，群からそれ以上離れない距離である社会距離および外敵（元来は捕食者，家畜種ではヒト，イヌ）から逃走を始める距離（flight distance）からなっている．野生種であるアルガリでの研究では個体距離は体長の2〜

3倍（約1.7m）で社会距離は25m程度と報告されている．一方，メリノ種では前者が1.5m以下で後者は6〜7mと報告されている．実際に各品種で計測された群内のある個体からもっとも近い隣の個体までの距離である最近接個体間距離に関してまとめた研究によるとブラックフェイス種の7.5mからメリノ種の1.5mまで変動は大きい．

マウンテンシープではたがいを直視するのは母子のみでそれ以外ではまちがいなく敵対行動を誘起するとされている．家畜種でも同様で，各ヒツジはそれぞれの位置をたがいに110度ずらせているとする報告もある．逃走距離は5から10mの間であるが，群構成頭数やヒトやイヌなど対象物と向かいあう通路の幅，対象物に対する個体の体軸や頭の方向により変化する．

群内には敵対行動の勝敗に由来する優劣順位があるが，ウシと同様直線的な順位構造ではなく，途中に三すくみや四すくみを含む非直線構造である．順位は相対的で，敵対行動の勝敗で50%を越すものが優位な個体となる．一般に単一の性，年齢の群では敵対行動はごく少ない頻度でしか観察されず，その結果，順位が明確ではない．古代種のヒツジであるソーイ種の繁殖メス群では敵対行動はなく順位もないとする研究者もいる．

オスもしくは去勢羊の群では順位が比較的明確である．メリノ種のオス，去勢，繁殖メスの群ではオスが去勢より優位で，より年齢の高いメスは若いオスとメスの両者に優位であった．これらの行動は野生種の社会行動を反映しているように思われる．

羊群の移動順位については1945年のスコット（J. P. Scott）の研究以来，著述が多い．要約すると，移動のときに各個体がその移動隊列の中である特定の位置を占める行動が観察されるが，これらは自発的移動と強制的な移動で異なり，これら移動の順番と優劣順位は関係がない．また，以上の関係は品種によって若干異なる．野生種では群のリーダーが先頭に位置するが，各個体は劣位のものが自分を追い抜くのを許さない．家畜種の場合，これら移動の先導個体に群を率いるといった社会的な意味はないと考えられており，おそらく母子間の追従行動の残存および群の斉一性，さらに刺激に対する反応の違いなど個体差が反映しているものと解されている．

ヒツジの群内にはとくに親和度の高い個体間関係が存在する．通常5m以下の近接する位置関係にあり，行動を同じくしている．これらの関係は，第1に母子間であり，次いで双子，同じグループで育ったもの，同じ品種のものである．母子関係の永続性は，やはり品種により異なり，離乳後40日程度で消失するものから，1〜2年も継続する品種まで幅広い．

品種によっては，群内の個体間の親和関係は時として群自体に対する結合力より強い．その結果，放牧地でサブグループとなり分布する品種と，一様に群として分布する品種がみられる．この場合，群の最外周の個体を結んだ線で形成される面積である占有面積は，結果的に両群で等しく，最近接個体間距離の平均値も等しいが，分布の形としては異なる．メリノ種での研究では，サブグループのサイズは6頭から420頭まで変動し，中央値が100頭程度であった．このサイズは放牧地の状態により変化する．これらサブグループ化の傾向は広大な放牧地などでは，場合によっては野生種と同様行動圏を形成する．

4.5.3 コミュニケーション

ヒツジは五感を通じてたがいのコミュニケーションを行っているが，ここでは視覚，聴覚，嗅覚について触れる．

ヒツジの視覚に対する最近の研究では，デール系種の有角および無角の個体にさまざまなシルエットをみせ，その反応を脳波でとらえるというものがある．この研究では，ヒツジが明確に反応したシルエットは3種あり，ムフロンやバーバリーシープなどの角の大きい個体のシルエット，被験羊と同じ品種のシルエット，およびヒトやイヌなど脅威の対象となるもののシルエットであった．すなわち，ヒツジは視覚により社会的関係として優劣関係，親和関係および捕食者を感知していることを示唆する．

ヒツジはさまざまな発声をする．新生子に対する母のゴロゴロといった声（rumbling）や攻撃や警告時の鼻を鳴らす音（snort）さらには母子間の呼びかけであるいわゆるメエメエといった鳴き声（bleat）がある．母子間の鳴きあいは分娩直後がもっともさかんで10週目に急激に低下し，その後漸減していく．母の鳴き声は単に子ヒツジに対して方向を教えているだけという報告と，識別も行っているという報告があるが，さらに品種間差も示唆されている．

嗅覚は個体間の識別に重要な役割を果たしている．羊毛，糞，唾液などが発するニオイにより個体間の識別が行われていることはまちがいないが，それが社会構造の維持にどのような重要性をもっているのか不明な部分が多い．実際，毛刈をした前後で

4.6 ニワトリ

4.6.1 ヤケイの社会構造

ニワトリの原種はヤケイ（野鶏）で，動物分類学上，キジ科ヤケイ属に分類される．ヤケイ属には，セキショクヤケイ（赤色野鶏：*Gallus gallus*），ハイイロヤケイ（灰色野鶏：*Gallus sonneratii*），セイロンヤケイ（セイロン野鶏：*Gallus lafayettii*），アオエリヤケイ（緑襟野鶏：*Gallus variius*）の4種が含まれ，このうちセキショクヤケイが現在のニワトリの祖先種とする単源説が有力で，他の3種はニワトリの成立にとって少なくとも主役ではなかったと考えられている．これら野生原種は現存しており，ニワトリとの交雑が可能である．

セキショクヤケイは東南アジアの熱帯から温帯に及ぶ広い地域に分布しており，原生林よりもむしろヒトとの接触の機会が多い2次林におもに生息し，地上に営巣して1日の大半を地上ですごす．ヤケイは一夫多妻の性的関係をもち，強いなわばり性を示す．優位なオスは，1〜数羽のメスとハレムを形成し，そのメスたちに性的関係をもとうとして近づく他のオスに対して攻撃を加えるなど，メスたちを完全に自身の支配下に置き，外敵からも守る．抱卵中あるいは育雛中のメスは，ハレム形成時のオスがメスに対して示すのと同様に，強いなわばり性をもち，卵や雛を外敵から守る行動をとる．

4.6.2 ニワトリの社会構造

ニワトリの社会行動の発達は，基本的にはヤケイと同様である．したがって，性成熟後における社会構造もヤケイのそれと大差はない．このため，種鶏を自然交配させる場合は，品種や系統の違いによる体格の差によってやや異なるが，一般にメス8〜12羽に対してオス1羽を配しており，雌雄比が10：1前後の場合がもっとも受精率が高く損耗も少なくて経済効率がよいとされている．

a. 社会的順位関係

ニワトリは典型的な順位性に基づく社会関係を形成する．ニワトリの社会的順位は，嘴によるつつき行動を通じて決められ，つつき順位と呼ばれる．ニワトリの攻撃は通常は一方的（絶対的順位）で，片方が繰り返し攻撃を加えるのに対して他方は反撃することはない．小さな群においては，一部に三すくみのような関係を含む場合もあるが最優位個体から最劣位個体までほぼ完全に直線的な順位となる．幼雛の間は成鶏のような闘争行動はみられず，孵化直後から一緒に飼育された群では，およそ6週齢で社会的順位ができあがる．雌雄混飼された場合は，性ごとに社会的順位ができ，雌雄間での闘争はほとんどみられない．いったん確立された順位は固定的で，群編成に変化がない場合は比較的長い期間持続し，このような群においては直接の攻撃は必要ではなく優位個体の威嚇に対して劣位個体は服従姿勢をとるといった儀式化された行動を示す．

順位の維持には，ニワトリの個体認識が大きな役割をもつといわれている．順位の安定した群において，ある個体の冠の形や大きさ，あるいはその他の各部位の色などを実験的に変えると個体認識があいまいになって再び闘争が起こることが確認されており，なかでも冠を中心とする頭部の特徴がもっとも重要と考えられている．また，姿勢や鳴き声によるコミュニケーション（詳細は後述），過去の経験による学習のほか，冠の大きさが鍵刺激として働いていることを示すデータもあることから，種としての生得的解発機構も重要な要因の一つと考えられる．したがって，これらの四つの過程（個体認識，コミュニケーション，学習，生得的解発機構）がおもに関係して，それぞれ相互に作用しあうことによって明確な順位が持続するものと考えられている．

つつき順位の形成に影響を及ぼす要因としては，個体の攻撃性，生殖腺ホルモンレベル，これまでの経験などが重要と考えられるが，これらはたがいに

放牧飼養のニワトリ群

関係しており，たとえば，ある個体にアンドロジェンを投与すると，攻撃性が強くなり冠も大きくなって，それらが優劣関係に影響を及ぼす．しかし，攻撃的な個体が必ずしも優位とは限らないことを示しているデータもある．実験された環境が，ケージなど限られたスペースの場合には，本来の攻撃行動パターンを十分には発揮できないため，順位との関係が明確にされにくいことが考えられ，この点についてはさらに検討が必要である．個体の順位には遺伝的な影響も大きく，たとえば，優位と劣位それぞれの群を選抜して群編成を行うと，優位から選抜されたものは高い確率で優位に位置する．しかし，順位よりもむしろ攻撃性の方がより遺伝率が高いと考えられ，ここでも攻撃性と順位との関係が問題となる．また，各個体のアンドロジェンのレベルが順位と高い相関があることも確認されており，優位の個体は単に攻撃的な個体というものではない．

つつき順位は他のさまざまな行動にも影響を及ぼす．たとえば，オスの優位個体は，劣位個体に比べて性的能力に差がなくてもメスとの性的関係において優先権をもち，より多くのメスと交尾を行う．しかし，メスの場合は逆に劣位個体の方が交尾回数が多いことが観察されており，これは乗駕許容姿勢である性的うずくまりと服従を示す姿勢が同様であることと関係があるといわれている．また，餌の確保，巣箱や休息場所の選択などに際しても，優位個体が優先権をもつといわれているが，実験的に2羽で争わせた場合と群の中で観察される結果とは必ずしも一致せず，他の要因との相互作用もあり，一概には断定できないようである．

群飼の場合は，順位が生産性に関係し，優位のものは劣位のものよりも卵生産量が多い．この傾向は産卵開始初期の方が強く，これは性成熟の早いものが順位も高くなることによると考えられる．しかし，単飼すると順位による卵生産量の差がみられなくなることから，群飼の場合における差は個体の能力によるものではなく，優位個体の方が社会的環境におけるストレスが少なく十分に生産能力を発揮できることによるものであろう．

b. 社会空間分布

比較的広い空間にニワトリを群飼すると，各個体は与えられたすべての空間ではなく限られた部分だけを利用する．これはなわばり行動によるもので，無用な争いを避けていると考えられる．このようななわばり行動は，飼養面積と羽数との関係によって変化するので一概にはいえないが，一般に小さな群ではあまりみられず，大きな群において明らかで，それは社会環境の複雑さに起因するものといわれている．すなわち，大群ではいくつかのサブグループができ，その中で順位が形成される．このことは，個体認識が可能な羽数に限りがあり，それによって群全体の関係が安定すると考えられる．

群の中の各個体は，それぞれ他の個体との間にある距離を保っている．その距離を越えて他個体が接近すると攻撃あるいは逃避が起き，この境界内を個体空間と呼ぶ．ニワトリにおける個体空間は飼育密度によって異なり，とくに，飼育密度の高い場合や大きな群において，個体距離の維持が社会的安定に重要である．また，一般に社会的順位が優位の個体の方が劣位個体に比べて他個体との距離が長く広い個体空間をもっているが，これは優位個体が攻撃的であるため，各個体がそれを避けている結果と考えられる．このように，なわばりが存在し，それが群内の無用な敵対行動を減少させる機能をもつとすれば，群飼する場合には，摂食や飲水時における各個体のなわばりからの移動を最小限にとどめ，敵対行動の発生を極力抑制できるように，給餌器や給水器の配置などを工夫することが必要であろう．

4.6.3 コミュニケーション

ニワトリは，感覚器の中でも聴覚と視覚がとくに発達している．それゆえ，個体間のコミュニケーションも鳴き声と視覚をそのおもな手段としている．とりわけ，初生雛にとって母鶏とのボーカルコミュニケーションは刷り込みに重要である．

幼雛の鳴き声は，適切な刺激に対する満足の声（twitter），隔離されたり低温環境にさらされたときなどの苦痛の声（peep），突然の強い刺激に対する驚きを表す震えた声（trill），およびとらえられたり電気刺激が加えられたりしたときに発する悲鳴（shriek）の四つに大きく分けられ，それぞれ異なった声紋を示す．成鶏においては，母鶏が雛を呼ぶ声，危険を知らせる声，オスの性的な鳴き声などが分類されており，さらにそれぞれが異なった機能をもついくつかの声に分けられる．また，ある種の鳴き声は，その個体の精神状態を知る指標となりうることも報告されている．

視覚によるコミュニケーションは，特徴的な姿勢や動きによって行われる．たとえば，頸部の羽毛を逆立てることで敵対的な意味を表したり，うずくまり姿勢によって服従の意志を表したり，またワルツや羽ばたきなど性的な誇示行動などが代表的な視覚

情報である．

4.7 イ ヌ

4.7.1 野生種の社会構造

イヌ科（Canidae）は動物分類学上，食肉目（Carnivora）に属し，イヌ科の中にはイヌ属（Canis），リカオン属，ドール属，タヌキ属などが存在する．イヌ属には，タイリクオオカミ（C. lupus），コヨーテ（C. latrans），ディンゴ（C. lupus dingo），ゴールデンジャッカル（C. aureus）などが属し，さまざまな環境に適応して生息しているが，これらのうち唯一家畜化された種がイエイヌ（C. lupus familiaris；ディンゴとイエイヌはタイリクオオカミの亜種として分類されている）である．

野生のイヌ科動物の社会構造は3つのタイプに分類される．TypeⅠ：繁殖期（子育て期間含む）にオスとメスが一時的なペアを組んで生活する．TypeⅡ：オスとメスが生涯ペアを組んで生活する．子は次の繁殖期まで親と生活をともにする．TypeⅢ：社会的順位制をもつ群（pack）社会をつくって生活し，集団で獲物を狩る．基本的にはオスとメスのペアとその子たち，または血縁関係の成獣で構成される．群の大きさは，生息地域や環境に影響を受ける．

イエイヌは通常，年に2回交配するが，バセンジーのように年1回（秋）しか交配しない犬種も存在する．また，イエイヌでは社会的成熟（18～36か月）よりも性的成熟（6～9か月）が早いことが知られているが，それぞれの時期についても家畜化の過程における人為選択のために犬種差が大きい．多くのイエイヌは，ヒト社会で生活して行動が管理されているため，本来の社会構造がどのようなものなのか明確に提示することは困難である．

4.7.2 コミュニケーション

a．嗅覚コミュニケーション

イヌは嗅覚に依存する度合いがヒトと比べて高く，ニオイの種類によって異なるがそれらを検知できる濃度はヒトの1/100以下である．また，鋤鼻器は主として性行動に関するニオイを感知しているとされる．ニオイは長期にわたって環境に残るため，視覚的に情報を得られない環境や時間が経過してからの他個体への情報伝達が可能となる．嗅覚の情報交換手段としては糞や尿，肛門嚢からの分泌物を周囲に残す．各個体の体臭（分泌腺から産出された分泌物）によるものがある．オスは片方の後肢を上げて排尿をするが，イヌの排尿姿勢にはさまざまな種類が観察されている．尿跡はその個体の情報（性別，なわばり，社会的地位など）を他個体へ提供する役割を担っている．排尿姿勢のときに，尿が出ていないこともある．また他のイヌの尿の上に排尿して尿跡をつけることや，排尿後に地面を掻き蹴る行動がみられる．これらの行動はオス，メスともに認められる．地面を掻き蹴る行動は，尿のニオイの拡散，趾間腺や肉球の汗腺などからの分泌物をその場所につける，地面についた掻き跡による視覚的なアピールと考えられている．また，イヌ科の動物には肛門の両側に一対の肛門嚢があり，嚢の内容物は排糞時に排出される．また，肛門嚢をこすりつけて強制的にニオイを残すこともある．個体によって肛門嚢分泌物の化学的組成が異なるため，個体識別に有効であるとされる．皮膚にも脂腺があり，そこからの分泌物が体臭を形づくって個体識別に利用される．身体の一部に存在する汗腺（エクリン腺は肉球，アポクリン腺は頭部や尾根部背面，会陰部に多い）の分泌物も情報交換に利用される．

b．視覚コミュニケーション

イヌは社会性を有する動物であり，群の中では優劣関係が成立する．優位の個体は，劣位の個体に対して頭や尾を上げ，耳を立てて，相手を強くにらみつけるなど「優位性」の姿勢を誇示する．背中の毛を逆立てる，犬歯を剝く，うなる，咬みつくなどの攻撃的な行動を示すこともある．これに対し劣位の個体は「服従性」の姿勢を示す．服従的な姿勢には受動的なものと能動的なものがあり，どちらの姿勢においても劣位個体は優位個体から視線をそらす．受動的服従姿勢は相手の姿勢に反応して示し，仰向けに転がり腹を見せ，後肢を開いて陰部を露出し，じっとする．このときに失禁することもある．この姿勢は優位個体への無条件降伏を示し，攻撃性の緩和や致命傷の防止などを図る意義がある．能動的服従姿勢は自らが積極的に示す服従姿勢であり，腰を落として，耳を後ろへ寝かせ，頭を低く保ち，尾は後肢の間に挟んでその先だけを振る．優位個体の顔を舐めることや鼻先を擦りつける行動もみられ，優位個体へのなだめ効果，無用な攻撃発生の阻止などを図る意義がある．犬種により耳や尾の形状や，被

毛の長さなどが異なるため，情報交換における視覚シグナルへの依存程度は犬種で異なるかもしれない．イヌは両眼視野（立体視野）を有して動く物体を的確に追うことができるが，その分解能はヒトに比べて劣る．

c．聴覚コミュニケーション

イヌの可聴域は 47～50,000 Hz（もっとも感度がよい周波数は 8,000 Hz 付近）であり，高い周波数帯の音に対する感受性が高い．耳介の形は聞こえやすさに影響するものの，犬種や体格と聴力の相関は認められていない．イヌは状況に応じて音声を使い分けている．たとえば，吠え（bark）は防衛，警告，あいさつ，遊び，さびしさ，注目の喚起を表現している．そしてイヌは，他のイヌ科の動物に比べて吠えをよく使う傾向がある．野生のイヌ科動物が吠えることはあまりないが，幼若なオオカミはよく吠える．そのため，イヌが吠えるのは人為選択によるネオテニー（neoteny）の可能性が考えられている．その他によく観察される声としては，満足気に鼻をならす（grunt）はあいさつや満足のサインを表し，うなる（growl）は防御的警告，脅威のサイン，遊びを表す．クンクンと鼻をならす（whimper/whine）は服従，防御，あいさつ，痛み，注意を表し，そのほかにも鋭い金切り声（scream, yelp），歯をならす（tooth snapping）など，多種多様な音声で情報交換をしている．声の調子もまた，相手に対する情報要素の一つである．低い音声は，攻撃的な要素（威嚇や怒り）を含み，高く短い音声は，恐怖や苦痛を示すことが多い．遠吠え（howl）も情報交換の方法の一つである．オオカミでは，群の集合（とくに狩り前）を知らせる合図や，他のオオカミとの接触もしくは繁殖期における他個体へのアピールとして用いられている．イヌにおいても，遠吠えは社会的接触を求めるものと考えられるが，特定の対象物や音に対して遠吠えすることも知られている．

d．触覚コミュニケーション

イヌは，相互グルーミングとして相手の身体を舐めることがある．鼻先で相手を押したり，身体で押しのけることもある．また，咬みつき，跳びかかりなどのように攻撃性に関連する行動や，前肢をかけてきたり，顎を乗せてきたり，体当たりをするなどのように世話を要求する行動も触覚コミュニケーションの一つと考えられる．

4.8 ネ コ

4.8.1 野生種の社会構造

イエネコは食肉目（Carnivora）ネコ科（Felidae）に属し，ネコ科のうち唯一家畜化された種がイエネコ（*Felis catus familiaris*）である．イエネコの祖先は，アフリカのリビアヤマネコ（*F. silvestris libyca*）であると考えられている．

38 の種からなるネコ科動物の社会構造には，群居性がみられる種とみられない種の大きく分けて二つのタイプが存在する．群居性がみられるのはライオン（*Panthera leo*）とチーター（*Acinonyx jubatus*），そしてイエネコのみであるが，これらの種であっても食料や生息場所の資源が乏しい環境などでは単独ですごすこともある．ライオンは大型草食獣を捕食することに適応し，プライド（pride）と呼ばれる複数の雌雄からなる群をつくって生活する．プライドは複数の成メスとその子たちが中心となる集団で，そこに数頭の成オスが加わっている．若いオスやメスは生まれたプライドを出て，周囲を放浪しながら，別のプライドに加わる機会を狙う．チーターは，成オスは群で生活するもののメスが共同生活を営むことはない．一方，その他の大半のネコ科動物は，単独生活を基本として身体サイズに応じた大きさの獲物を捕食して生活する．その場合，オスは複数のメスと繁殖し，メスは単独で子育てをする．

4.8.2 イエネコの社会構造

イエネコは，穀物に集まるネズミなどの獲物にひきつけられて人間の集落に入りこみ，人間がその存在を重宝がったという相利共生関係から家畜化が進んだとみられるため，性質や形態に大幅な変化はなく，人為的に作出された数十種類の品種についても，被毛や姿の美しさがおもな育種目的であった．現在でも人間と直接的にはほとんどかかわらずに野外で生活している集団もいれば，人間の家庭内のみで飼育されている個体もおり，さまざまな環境に合わせて生活形態を変え，柔軟に適応している．

イエネコのメスは通常，年に 2～3 回の繁殖期ごとに複数回の発情期を迎えることが多いが，頻度は個体により異なる．長日により繁殖活動はもっとも活発になり，短日で低下する．交尾をした刺激により，交尾排卵が起こるため，繁殖率が比較的高い．発情期間中の 4～6 日間にメスは 1 日 10～20 回の交

で重複する．おもに欧米での報告によれば，野外に住む自由行動下のネコでは，オスの行動圏は平均 $6 km^2$，メスでは $1.6 km^2$ 程度である．ネコは行動圏の中心の特定区域をなわばりとし，他個体の侵入を排除しようとする．通常は $0.3 km^2$ 程度をなわばりとしており，防衛意識の強いオスはなわばり内を定期的に巡回し，マーキングをする．

集団で生活するネコの社会的順位は，明白な絶対的関係ではなく，交尾の成功と優劣関係は必ずしも一致しないことが示唆されている．年齢が高くて身体の大きなオスは優位に立ちやすいが，それ以外の個体間や，異なる場面では順位がみられない場合などもある．一般に優位個体は劣位個体よりも先に摂食でき，条件のよい休息場所を独占できるなど，資源確保において有利となる．しかし，家庭環境で飼育されているネコの場合，個体の組み合わせや頭数の変異が大きく，去勢不妊手術による生殖状態の変化や飼育方法も影響するため，集団の社会構造や順位関係はさまざまなものとなる．

4.8.3 コミュニケーション
a．嗅覚コミュニケーション

単独生活を基本とするネコでは嗅覚による情報交換への依存度が高く，なわばりを認知したり，周囲にいる個体の状態を知るためにニオイを用いた複数のマーキング行動を行う．マーキングされたニオイにより，個体，性別，その場所にいた時刻，繁殖周期に関する情報を他個体に伝えることができ，糞や尿，肛門嚢からの分泌物，そしてフェロモンが嗅覚コミュニケーションに用いられる．

ネコは，顎，額，頸部，体側部，尾などを周囲の物体や人間を含む他の動物に頻繁にこすりつける．これらの部位にはよく発達した皮脂腺があり，その分泌物もまた嗅覚コミュニケーションに用いられる．こすりつけ行動は，親しみのある物や動物，なわばりの境界などに対して行われるが，新奇の物や新奇環境に対しても頻繁に行われる．人間に対して身体をこすりつける行動は，元来の嗅覚コミュニケーションとしての機能が転じ，あいさつ行動や学習によるアピールとして用いられていると考えられている．

尿によるマーキング行動としては，尿を後方に向かって噴出させる尿スプレーを用いる．発情したメスのニオイに触れたオスでとくに頻度が増加するが，去勢不妊処置をすることで頻度は激減する．発情時以外でも，なわばり主張のために頻繁に行うこ

尾を繰り返し，複数のオスを許容するため，同腹子でも父親が異なることも多い．性成熟に達するのはメスの早い個体で4か月齢，平均的には5～6か月齢である．

野生のイエネコは，基本的には単独生活をする個体がゆるやかな結びつきのある集団を形成する．集団の基本単位はメスとその子たちであり，1頭のオスが多くの場合は複数のメスと繁殖する．集団の構成や頭数は生息環境内の食料やすみかといった資源の存在密度に応じて大きく異なり，最小の場合，オスとメスのペアとその子たちのみで構成され，一般には10頭までの複数のメスからなるが，大きな集団では40頭程度のメスが1か所に暮らす例も観察されており，複数のオスが含まれたり，一頭のオスが近隣の複数のメス集団を訪れることもある．同一集団内のメス同士には血縁関係がある場合も多く，成メス同士はたがいの出産や育子を手伝うが，オスはほとんど子育てには参加しない．野外で生活する個体の密度は，$1 km^2$ あたり2頭から2,000頭以上にわたると報告されている．

排泄，狩猟，休息などの通常の活動のため往来する地域は行動圏（ホームレンジ）と呼ばれ，個体間

とがある．

　他個体がこすりつけを行った場所やスプレー尿は，丹念にニオイを嗅がれ，その最中にオスはフレーメンをすることが多い．フレーメンとは，口蓋内部に開孔している鋤鼻器（ヤコブソン器官）にニオイを送りこんで丹念に調べるために，口を半開きにして化学物質を吸い込む行動である．

　また，なわばりの境界の高みや目立つ場所に排糞し，砂などで覆うことなく糞を放置することがあり，これは嗅覚とともに視覚に訴える誇示行動でもあると考えられている．爪とぎ行動も視覚的な誇示効果をもつと同時に，指間腺や肉球の汗腺からの分泌物を残すため，嗅覚的なマーキング行動でもある．

b.　視覚コミュニケーション

　生まれたばかりの子ネコは視覚が未成熟であり，眼瞼は5〜14日齢（平均8日）までは閉じたままであるため，生後すぐの母子間や同腹子間でのコミュニケーションはおもに触覚と嗅覚に頼っている．成獣はやや近視であるが，夜間でも狩りができるよう弱い光を利用できる．また，小動物を捕食する肉食動物であることから，両眼視野が広く立体視野を有し，動体視力が優れている．

　ネコは単独生活を基本とするため，成獣では他個体と直接的な出会いをなるべく避けることによって不要な衝突を回避する．そのため個体間の視覚的コミュニケーションには，やや距離があっても判別しやすい全身の姿勢および耳や尾の位置や動き，口や瞳孔の大きさなどが活用されている．爪とぎや糞尿など，嗅覚と視覚の両方に訴えるマーキングによる痕跡も，たがいに遭遇しないよう距離を保ちながらの情報交換に役立つ．

　優位個体は，劣位個体に対して頭を持ち上げて後半身を高くし，耳を立て，場合によっては収縮した瞳孔で相手を強くにらみつけるという「優位性」の姿勢を誇示する．これに接した劣位個体は，明白な服従姿勢というよりも，優位個体から視線をそらしたり，横向きの姿勢や耳を後頭部に沿わせてうずくまるといった恐怖姿勢をとって静止するか，優位個体から遠ざかる方向へ移動する．防御的な威嚇をする場合は，尾もしくは全身の被毛を逆立てて背を弓型に丸め，口角を後ろに引きながら歯を剥き出しにし，鼻にしわを寄せる．一方，子ネコが母ネコに近づくときや友好的な個体間の接近時には，尾を垂直に立てる．

c.　聴覚コミュニケーション

　ネコの可聴域のうちとくに感度がよい周波数は250〜35000 Hzであり，ヒトに比べて高周波数帯の音に対する感受性が高く，70000 Hz程度までは聴き取ることができるとみられる．

　元来単独生活を基本とするネコでは，音声を使った聴覚的コミュニケーションにより，たがいに近くにいる他のネコの存在や状態を確認できることが，直接遭遇し対決することを避けるために役立つ．

　ネコは状況に応じてさまざまな音声を使い分けている．発声方法の違いにより大別すると，声帯を使わずに発する音声と，声帯を用いて発する音声の二種類がある．前者には，喉をならす（purr），唾を吐くような音（spit），息を吐き出しシャーという（hiss）などがあり，それぞれ快適，強い威嚇，威嚇の際に発する．喉をならすのは，授乳中に母ネコと子ネコの両方が発する．成獣が快適な状態にいる際に発することが多いが，ひどい苦痛を感じているときにも発せられることがあり，安寧効果があるのではないかと考えられている．

　声帯を用いる発声では，鳴く（miaow），苦痛の叫び（yowl），他個体を呼ぶ，発情期の長鳴き（mowl），闘争の際の鳴きあい（howl）など，持続時間や音程，強度，抑揚などが異なり多様である．また，声帯を用いる発声の中にはうなり（growl），母ネコが子ネコを呼ぶ際の鈴を鳴らすような声（chirrup），甘え声など，半ば口を閉じたままの音声もある．

d.　触覚コミュニケーション

　ネコでは，血縁個体を含む友好的な相手とは，相互グルーミングとして体を舐めるほか，寒冷時以外でもたがいの体を密着させて休息する様子が多くみられる．また，同じ集団内の個体同士の遭遇場面では，たがいの体を擦りあうこともある．母子行動や，同居個体間での社会的遊戯行動においては多くの触覚的刺激が交わされる．これらの行動には，ニオイを共有することによる嗅覚的コミュニケーション機能に加え，同居個体間の親和性を高めるための触覚的コミュニケーション機能があると考えられる．

4.9 クマ

4.9.1 クマ類の分類

現存するクマ類として，ホッキョクグマ（*Ursus maritimus*），ヒグマ（*U. arctos*，ハイイログマ，グリズリーとも呼ばれる），アメリカクロクマ（*U. americanus*），ツキノワグマ（*U. thibetanus*），ナマケグマ（*U. ursinus*），マレーグマ（*U. malayanus*），メガネグマ（*Tremarctos ornatus*），ジャイアントパンダ（*Ailuropoda melanoleuca*）の8種があげられる．このうちもっとも古くに分化したのがジャイアントパンダの系統で約1,200万年前にクマ類の系統から分化したと推察されている．次いでメガネグマが分化し，残り6種のクマは700万年から200万年前に分化したと考えられている．6種の中ではナマケグマとマレーグマが早くに分化したことがDNA分析から示唆されている．もっとも新しく出現した種はホッキョクグマで，270万年前あるいは130万年前にヒグマから分化したと推測されている．ヒグマ，アメリカクロクマ，ツキノワグマの系統的位置づけは諸説あり，明確にはなっていない．

4.9.2 野生下での生活

①ホッキョクグマ

ホッキョクグマは北極圏に生息する．体重はオスで400〜800 kg，メスで175〜300 kgで，体毛の色をなくし，足の裏に毛があるなど寒さへの形態的な適応を果たした．メスで行動圏面積30万 km^2 の報告がある．肉食性で，主としてワモンアザラシを食べ，次いでアゴヒゲアザラシを多く食べる．そのほかには，タテゴトアザラシやズキンアザラシなども食べ，セイウチ，シロイルカ，イッカク，ホッキョククジラなどの死体をあさることもある．また，他に食物がない場合には，小哺乳類，鳥類，卵，そして植物なども食べる．オスや妊娠していないメスは基本的に冬眠を行わない．交尾期は3〜5月で，オスは1シーズンに数頭のメスと交尾するが，1回しかしないものもある．オスはニオイをたどることによって発情しているメスの居場所を知る．11月頃，妊娠メスは雪の中に穴を掘って入り冬眠し，1月に出産する．平均産子数は1.6〜1.9頭と推定され，3月下旬〜4月に，生まれた子とともに穴を出て，2年半程度，母グマと子グマは一緒に暮らす．交尾期のつがいと子グマを連れたメスを除いて，通常は単独生活者である．しかし，たとえばクジラやセイウチの死体などには，たくさん集まり，たがいに寛容さを示すことがある．あるいは氷が解けて，岸に上がらざるをえないときには，30〜40頭のクマが1か所でみられたこともある．成獣のオスは繁殖期には他個体に対して攻撃的となる．

②ヒグマ

ヒグマはユーラシア（スカンジナビアからロシア東部，シリアからヒマラヤ，ピレネー，アルプス，アブルッツィ，カルパチアの各山脈）と北アメリカ北西部に生息する．日本では北海道に生息する．体重はメスで80〜205 kg，オスはメスより20〜80％重い．アラスカでは最大443 kg，日本では最大でオス520 kg，メス152 kgの報告がある．体毛は通常は褐色だが，毛先が白（灰色）の場合が多い．ただしクリーム色から黒までの変異がある．オスで行動圏が400〜1,100 km^2 の報告がある．雑食性で水分の多い青草，根塊，しょう果類（ベリー類）などの植物が中心で，昆虫の幼虫，小齧歯類，サケ，マス，死肉，有蹄類（シカなど）の幼獣，家畜も食べる．オス，メスともに冬眠を行う．交尾期は5〜6月で，オスはメスを探し回る．10〜11月に自分で掘った穴，天然のほら穴，樹洞，風倒木の下などに入って冬眠する．妊娠メスは1〜3月に2〜3頭の子を産む．4〜6月に生まれた子とともに穴を出て，1年半〜4年半，母グマと子グマは一緒に暮らす．交尾期のつがいと子グマを連れたメスを除いて，通常は単独生活者である．

③アメリカクロクマ

アメリカクロクマは北アメリカの森林や山地に生息する．体重は150 kg程度である．体毛は基本的

に黒であるが，地理的変異が大きく，茶系，灰色，白色など多様な色が現れる．オスで行動圏が $600 km^2$ の報告がある．雑食性で根茎，球根，ベリー類，果実，若芽など水分の多い栄養に富んだ植物，昆虫の幼虫，腐肉，魚，有蹄類や家畜の幼獣も食べる．養蜂箱や果樹園に被害を与えることもある．北方の個体群はオス，メスともに冬眠を行う．南方の個体群のオスは冬眠しないとの報告もある．交尾期は5～7月で，10～12月に自分で掘った穴，岩穴，樹洞，倒木の空洞，根上がりなどを利用したり，地面のくぼみに巣をつくって冬眠する．妊娠メスは1～2月に1～3頭の子を産む．4～5月に生まれた子とともに穴を出て，1年半～2年半，母グマと子グマは一緒に暮らす．交尾期のつがいと子グマを連れたメスを除いて，通常は単独生活者である．しかし，母グマが自分のメスの子になわばりを分与したり，譲ったりした報告もある．

④ツキノワグマ

ツキノワグマはイランからヒマラヤを経て日本までの森林に生息する．体重はオスで50～120 kg，メスで40～70 kgである．体毛は黒く，前胸に白い三日月模様がある．オスで行動圏が60～110 km^2，メスで30～50 km^2 の報告がある．雑食性で主として植物質のもの，とくに堅果や果実を食べる．アリや昆虫の幼虫も食べる．日本では，春には草本の新芽，木本の新芽や花，夏は草本，ササ類のタケノコ，イチゴやサクラの液果，昆虫類，秋にはブナ科の堅果，サルナシ，ヤマブドウ，マタタビ，ミズキ，オニグルミなどの果実を食べる．養蜂箱や果樹園に被害を与えることもある．オス，メスともに冬眠を行う．交尾期は6～8月で，11～12月に土穴，岩穴，樹洞，倒木の空洞，根上がりなどを利用し冬眠する．妊娠メスは1～2月に1～3頭の子を産む．4～5月に生まれた子とともに穴を出て，約2年間，母グマと子グマは一緒に暮らす．交尾期のつがいと子グマを連れたメスを除いて，通常は単独生活者である．

⑤ナマケグマ

ナマケグマはインド東部，スリランカの低地森林に生息する．体重が80～140 kgで，体毛は黒くて長い．胸に白から栗色のU字あるいはY字型の模様がある．爪は長く曲がり木の枝に逆さにぶら下がることができる．おおむね夜行性である．雑食性で，昆虫の成虫・幼虫，サトウキビ，蜂蜜，卵，死肉，果実，花などを食べる．休眠は行わない．北方の個体群は7月に交尾を行うが，南方の個体群は1年中繁殖可能で，地中の巣穴で通常2頭の子を産む．生後2～3か月で穴を離れ，母グマと子グマは2～3年一緒に暮らす．社会構造は不明であるが，一夫一婦だといわれている．

⑥マレーグマ

マレーグマは東南アジアの熱帯から亜熱帯地域の森林に生息している．体重が30～65 kgで，クマ類の中でもっとも小さい．体毛は濃い褐色から黒で，しばしば白あるいはオレンジがかった胸の模様がある．鼻面にもやわらかい，灰色からオレンジの毛がある．毛の生えていない足裏をもった大きな足，鋭い爪は木登りに適し，夜行性で，昼間は地上数mのところに枝を折ってつくった棚で寝たり日光浴をしていることが多い．雑食性で，果実，水分の多いヤシの芽，シロアリ，小型の哺乳類や野鳥を食べる．ココアやココナッツ園に害を与えることもある．休眠は行わない．1年中繁殖可能で，地上の隠れ場所で，通常2頭の子を産む．社会構造は不明であるが，一夫一婦だといわれている．

⑦メガネグマ

メガネグマは南アメリカ（ベネズエラ西部からボリビアのアンデス）の標高200～4,200 mのさまざまな環境に生息する．湿潤な森林を好むが，草原や，灌木が生える砂漠も利用する．体重は約100 kgである．体毛は黒あるいは黒褐色で，白ないし暗黄色のメガネ模様がときに前胸まで広がる．雑食性でおもに，水分の多いパイナップルの芯やヤシの葉柄，果実，サボテンなどを食べ，昆虫，死肉，家畜も食べる．休眠は行わない．4～6月に交尾を行い，11～2月に通常2頭の子を産む．社会構造は不明である．

⑧ジャイアントパンダ

ジャイアントパンダは中国中西部（四川・雲南・甘粛省）の標高2,600～3,500 mの高地の寒冷・湿潤なタケ林に生息する．体重は100～150 kgである．

体毛は耳，眼のまわり，鼻面，四肢，肩は黒，その他は白である．おもにタケを食べるが，球根，草，昆虫や齧歯類を食べた報告もある．生息地に積雪があるが，冬眠は行わない．4～5月に交尾を行う．オスとメスがどのように交尾相手を見つけるかは不明であるが，その時期に発声とニオイづけが増えることから，声とニオイが重要との指摘もある．8～10月に1～3頭の子を産む．約1年，母グマと子グマは一緒に暮らす．交尾期のつがいと子を連れたメスを除いて，通常は単独生活者である．

4.9.3 クマ類の生殖

クマ類の生殖については，まだ不明な点が多い．ここでは一部の種について報告されたものを紹介する．アメリカクロクマにおいて，飼育下でのプロジェステロンの血中濃度の測定，卵巣の組織学的分析から，アメリカクロクマは交尾排卵動物であることが示唆されている．

また，交尾期に卵子が受精すると発生を開始するが，クマ類の一部（ホッキョクグマ，ヒグマ，アメリカクロクマ，ツキノワグマ）においては，300細胞程度の胚盤胞期になると発生は停止する．そして，受精卵は子宮内に浮遊したまま止まり，晩秋になってから着床し胎盤を形成する．これを着床遅延という．胚の着床は，血中ホルモン濃度より11～12月に起きると推定されている．つまり約7～8か月の妊娠期間のうち，着床遅延期間が5～6か月で，実際の胎子発育期間は約2か月となる．さらに，冬眠をさせないヒグマにおいても，冬眠するヒグマと同じ生殖周期をもって生殖活動が営まれていたことから，クマ類の生殖行動と冬眠行動との間には直接的な連動はなく，たがいが独立して調整されていると考えた方がよいとの指摘がある．

4.10 チンパンジー

4.10.1 野生下での生活

チンパンジー（Pan troglodytes）は，およそ600万年前に現生のヒトとの共通祖先から分岐した．アフリカの熱帯雨林から乾燥疎開林の幅広い環境に棲息する．チュウオウチンパンジー（P. t. troglodytes），ヒガシチンパンジー（P. t. schweinfurthii），ナイジェリアチンパンジー（P. t. vellerosus），ニシチンパンジー（P. t. verus）の4亜種が存在する．昼行性で，一般には明け方から夕暮れまで活動し，夜間にまとまった睡眠をとる．樹上で枝を折り曲げてベッドをつくり寝ることが多いが，地面や木の枝に寝ころんで昼寝をすることもある．果実類をおもに採食し，それ以外にも草本，樹脂，昆虫，小動物，小型の霊長類を食べる．約8か月間の妊娠期間を経て，約1,800gで子が誕生する．赤ん坊期（0～1歳頃），子ども期（2～8歳），若者期（9～15歳）を経て大人へと成長する（本書では他の動物にならい，成獣，子の表記を用いた）．オスは13歳，メスは11歳頃までに性成熟する．成獣の体重は，オスで40～60kg，メスでは35～50kgとなる．寿命は，野生下でも50～60歳くらいまで生きる．

チンパンジーは，多数の成獣のオスとメスとその子で構成される20～100個体の複雄複雌集団を形成する．しかし，集団内では日常的に離合集散を繰り返し，単独，親子，オスたち，メスたち，数頭のオスとメスなどの小集団（party）に分かれて遊動し，ときに全構成員が集まることもある．個体間には明瞭な優劣関係が存在するが，その中でさまざまな駆け引きが展開され，変化に富んだ複雑な社会関係をもつ．子は5～8歳くらいまでの長い期間を母親と一緒にすごす．母親は，生まれた子に授乳し，常に胸に抱いて（抱擁）育てる．子にとって母親は社会交渉の主要な相手である．母親と子は頻繁に遊び（母子遊び），グルーミングをする．子がかなり成長するまで，母親は子を背中に乗せて運搬し，多くの経験を共有する．次の子が生まれても母子のかかわりは続く．母親とのきずなを軸として成長し，血縁のある兄弟姉妹とかかわり，徐々に集団内にいる血縁のない子や成獣へと交渉の幅が広がる．父系社会であり，オスは一生を生まれた集団ですごす．メスは若齢（およそ8～15歳）の時期に別の集団へと移籍する．こうした経験を通じて，生活に必要なさまざまな技術や行動を身につけると考えられている．個別の経験のなかで試行錯誤によって学習することもあれば，他のチンパンジーの行動を見て新しい行動を身につけることもある．他者の行動を見て学ぶことが世間間で繰り返されることで，野生チンパンジーの文化的特徴が形成されてきたと考えられている．2つの異なる生息地域にチンパンジーの食物となりうる同種の動植物があるとしても，それを食物として利用する地域と利用しない地域がある．生態学的要因のみでチンパンジーの行動パターンを説明

することはできない．道具使用や薬草利用など少なくとも39種類の行動パターンが野生チンパンジーの文化的行動として確認されている．

4.10.2 飼育下での生活

飼育チンパンジーの行動は，生活環境が大きく異なるために自然環境での行動とは異なる．野生では，遊動域は小さくても数km^2であるのに対し，飼育下では1000 m^2に満たないことが多い．国内の飼育集団の規模は3個体未満が一般的で，多い集団でも15個体程度である．社会構造は単雄複雌か単性に偏り，複雄複雌集団での飼育は数えるほどしかない．遊動域，個体数，社会構造などのちがいから，離合集散，集団内の役割分担，集団間の交渉，文化的行動などを飼育下でみることは難しい．たとえば，野生チンパンジーの集団は特定の範囲を遊動しながら生活している．外敵や他集団との近接で緊張したり危険な場面では，力の強いオスが先導し，追従する他のチンパンジーを待つなどの役割分担がみられる．飼育下の小さな運動場では巡回や追従の行動自体を判別することが難しくなるのである．

反対に，飼育下特有の行動も知られている．飼育下は退屈な環境とされ，チンパンジーの心身の健康に配慮する動物福祉の観点から問題視されることもある．昼間の手持ちぶさたなときにあくびをし，膝を抱えてじっと休息するのがみられる．採食や社会交渉や運動の機会が十分ないなど飼育環境における生活の質の低さによって，飼育環境ではさまざまな異常行動が出現する．排糞や排尿のときに手で受けて口へ運ぶ糞食／飲尿（coprophagy/urophagy），体を左右や前後に定型的に揺らすロッキング（rock），嘔吐してから吐瀉物を食べる吐き戻し（regurgitate），体毛を抜く抜毛（self-depilate）はよくみられる．また，体をひっかくなどして傷つける自傷行為（self-mutilate），その中でも噛んで皮膚をひどく傷つける自咬（self-bite），指をまぶたに当てて注視するアイポーク（eye poke），一所を同じパターンで歩きつづける常同行動などは，まれではあるが個体によっては高い頻度で出現する．糞食のように野生チンパンジーでも報告されている行動が飼育下の異常行動に含まれている．しかし，野生ではほぼ「ない」といえるほど頻度はきわめて小さい．それと比べると飼育下でみられるものは異常といえるほど特定の行動が高頻度に出現することがあり，飼育特有の行動ととらえることができる．

チンパンジーは絶滅危惧種であり，生息地での絶滅が懸念されている．飼育チンパンジー個体群の安定維持は重要な課題であり，心身ともに健康なチンパンジーの継代的飼育が求められている．飼育チンパンジーの心理的幸福（psychological well-being）を実現するため，飼育環境を野生本来に近づけることを目指して環境エンリッチメント（environmental enrichment）が推進されてきた．鉄塔を建てて三次元的な活動を可能にしたり，運動場の緑化をしたりするのは物理的エンリッチメント（physical enrichment）と呼ばれる．チンパンジーは手指の背側をつける四足歩行のナックルウォーク，走る，足で立つ直立二足歩行，物にぶら下がるブラキエーションによって空間を移動する．空間構造を複雑にすることでさまざまな移動様式が可能となる．危険や驚くようなできごとに遭遇した場合に，萎縮の姿勢をとるか逃避するかなど対処のしかたは物理的環境の性質によってある程度決まる．また採食エンリッチメント（feeding enrichment）として，食物種にバリエーションをもたせ，採食時間を引き延ばすこ

ナックルウォーク

ブラキエーション

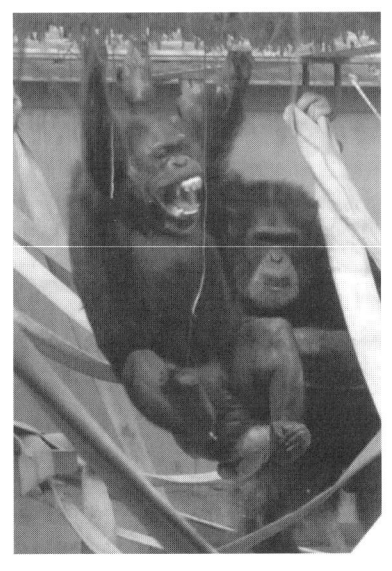

とができる食物を与える．たとえば，繊維質の多い食物はワッジにして口に溜めて噛みつぶすことができる．そのため採食に費やす時間が長くなり，1日の中で採食の機会を増やすことにつながる．またワッジをスポンジのように使って水を飲む（飲水）道具使用など副次的な効果も期待できる．見る，聞く，嗅ぐといった感覚を刺激することに主眼をおいて，遊具やフィーダーを運動場に導入することは感覚エンリッチメント（sensory enrichment）と呼ばれる．新奇物を提示することで視る，嗅ぐ，触れるなどの探査行動が出現する．操作可能な遊具やフィーダーを与えることで，噛む，舐める，吸う，掻くなどの探査行動のほか，好みのものを運搬することもある．その他，清掃後などに水滴のついた壁面に体を擦りつけてまわる遊びもみられ，チンパンジーはさまざまな感覚を好むといえる．チンパンジーは複雑な知性をもち，問題を解くことを好む．問題解決を促すことに注目して，複雑な対象操作が必要となる遊具を与えたり，容易に食物を取り出せないようにしてあるパズルフィーダーを設置することは認知的エンリッチメント（cognitive enrichment）とも呼ばれる．こうした個性を引き出す環境エンリッチメントは多様な行動をもつチンパンジーでは他の動物種以上に重要となる．さらに，社会環境の整備はチンパンジーの飼育においてとくに重要である．集団構成や個体間交渉への配慮は社会的エンリッチメント（social enrichment）と呼ばれる．

　チンパンジーにとって社会は生活の基盤である．一方で集団での飼育管理においては，闘争やその結果としてケガが生じることがないよう多くの注意が向けられている．チンパンジーは騒がしく，過激な動きの闘争をする．物を投げる／揺らすなどのディスプレイで他個体を威嚇する．また，にらみ，足を踏みならし，突進して威嚇する相手に覆い被さることもある．攻撃的交渉がエスカレートするとつかむ，ひっかく，たたく，蹴る，引きずる，咬むなどの直接的な攻撃にいたる．その原因はさまざまあるが，一般にはオスは社会関係や交尾の機会，メスは食物をめぐってしばしば他個体と闘争する．オスは強い腕力と大きな犬歯をもつため，攻撃を受けた個体は深い傷を負う場合もある．交尾や交尾の誘いかけといった雄雌間の交渉がオス同士の緊張関係を生み闘争に発展するなど，集団内の各個体の関係や交渉が複雑に結びつき闘争が生じる．その一方で，チンパンジー同士の闘争は見外上は騒がしく乱暴に見えるものの，闘争を抑制する行動をとることもできる．

交渉相手と距離をおき回避することで，間接的に闘争を抑制する．劣位を示すプレゼンティング（尻向け），闘争したもの同士が体の一部を差し出してたがいに軽く噛みあう仲直り（身体接触），闘争している当事者の間に第三者が入る干渉は闘争を沈めるための直接的な交渉である．重症に至る闘争は看過できないが，さまざまなことを経験し，日常生活で必要となる技術や問題を解決する能力が身につくような社会環境は大切である．複雑な社会環境でチンパンジーが安全に生活するための飼育環境の実現が今後の課題となる．

　以上のように生活のさまざまな側面に注目した環境エンリッチメントがあり，それぞれは相互に関連している．たとえば，食物は集団で生活する場合は他個体との社会交渉を通じて入手することになる．どのような社会交渉を営むかは空間の物理的な環境に影響を受ける．個々のチンパンジーは一生を飼育環境で生きるのであり，経験を通じて物事を学習し，行動は変容する．加齢によって身体運動機能や認知機能が変化すれば，同じ環境エンリッチメントでも機能が変化して，行動に異なる影響を及ぼす．また過去の生育歴の違いによっても行動は変化する．母親や一緒に生活する他個体の立ち居ふるまいを見て学ぶことができる．飼育チンパンジーの行動を理解するためには，こうした縦断的・横断的な視点が必要であり，福祉の実践においても同様の視点が求められる．

4.10.3　社会・コミュニケーション・文化

　チンパンジーにおいて特筆すべきことは，その社会の複雑さである．野生では離合集散し，自集団の遊動域内を移動する．数十個体のチンパンジーで構成される複雄複雌集団に属していても，ひとり，母と子，オスあるいはメスのみの小集団，単雄複雌，複雄複雌など，1日のなかでparty構成や交渉する相手が頻繁に変化する．ひとりきりで毛繕い（身繕い）をしたり，子が集団から少し離れてでんぐり返しやピルエット（旋回）などのひとり遊びに興じることもある．あるいは大勢が集まって相互グルーミングをしたり，狩りや遊動域の巡回に出かけたりする．自在に変化する幅広い個体間のかかわりの中にチンパンジーの社会関係の複雑さがある．加えて，遊動によって利用する空間も頻繁に変化する．同じ場所を訪れることは何度もあるが，同じ場所に何日も滞在しつづけることは少ない．物理的・社会的環境変化のなかで，さまざまな社会交渉が交わされる．

離れていたもの同士が再会すると，パントフートやパントグラントを発してあいさつを交わし，たがいを視て，触れる．緊張や親和的な文脈でマウンティング（模擬乗駕）や抱擁をし，さらにはグルーミングなども交わす．オスとメスが再会する場面では，発情しているメスがオスにプレゼンティング（陰部呈示）したり，オスがメスの性皮を検分する性的交渉もみられる．

こうした交渉に多彩な表情と身振りが伴う．微笑みを浮かべながら指遊びやぶらさがり遊びをする．激しくなるとアッアッアッと大きな笑い声をあげてレスリング（模擬闘争）や追いかけあいをする．恐怖心にかられたり緊張する場面では歯を剥き出すグリメイスという表情になる．欲しいものが手に入らないとき，子でも成獣でも唇を前に突き出してブーブーといった音声やフィンパーを発して不満を表す．不満が高まると毛をかきむしる，体をたたく，地面を転げ回るなどしてかんしゃく（過剰運動）をおこし，泣いたりもする．

チンパンジーそれぞれがもつ複雑な知性と豊かな個性，さらには離合集散によって多彩に変化する社会の中で表れる喜怒哀楽を伴う多彩なコミュニケーションに加え，生息地ごとに異なるチンパンジーの多様な行動パターンが知られている．行動が遺伝的に次世代に伝わるだけでなく，チンパンジー同士のコミュニケーションを通じて世代間で行動が受けつがれる．母と子，あるいは長時間一緒にすごす親しいチンパンジー同士の親和的な関係を通じて，他のチンパンジーの行動を観察する機会を得る．他個体の行動を見ることで新しい行動を身につける．ヒト以外のいろいろな動物で文化的特徴が認められているが，採食，休息，体の手入れ，寄生虫への対処，相互グルーミング，求愛などの広範な行動パターンと地域間での行動傾向の多様さにおいてチンパンジーは際立つ特徴を示す．

参考図書

第1章
粕谷英一：行動生態学入門．東海大学出版会，1990．
Krebs, J.R. & N.B. Davies（山岸　哲・巖佐　庸共訳）：行動生態学．蒼樹書房，1991．
Manning, A. & M.S. Dawkins：*An Introduction to Animal Behaviour*（4th ed.）. Cambridge University Press, Cambridge, 1992.
　　（第2版の翻訳書：Manning, A.（堀田凱樹・千葉豊子共訳）：動物行動学入門．培風館，1975.）
野澤　謙・西田隆雄：家畜と人間．出光書店，1981．
在来家畜研究会編．アジアの在来家畜―家畜の起源と系統史．名古屋大学出版会，2009．
Toates, F.：*Motivational Systems*. Cambridge University Press, Cambridge, 1986.
Phillips, C. & D. Piggins（Eds.）：*Farm Animals and the Environment*. CAB International, Wallingford, 1992.

第2章：本文中で示してある．

第3章
正木淳二編著：哺乳動物の生殖行動．川島書店，1992．
Phillips, C.J.C.：*Cattle Behavior*. Farming Press Book, Ipswick, 1993.
「その他」で示した図書も参照のこと．

第4章
Clutton-Brock, J.（増井久代訳）：人間と家畜の歴史：図説動物文化史事典．原書房，1989．
Clutton-Brock, J.：*Horse Power*. Harvard University Press, Massachusetts, 1992.
Craig, J.V.：*Domestic Animal Behavior*. Prentice-Hall, Englewood Cliffs, 1981.
Fraser, A.F.：*The Behaviour of the Horse*. CAB International, Wallingford, 1992.
石井　幹：牛の行動学入門．中央畜産会，1986．
川道武男・近藤宣昭・森田哲夫編：冬眠する哺乳類．東京大学出版会，2000．
大井　徹：ツキノワグマ．東海大学出版会，2009．
日高敏隆監修：哺乳類I：日本動物大百科 第1巻．平凡社，1996．
今泉吉典監修：食肉類：動物大百科 第1巻．平凡社，1986．
今泉吉典監修：大型草食獣：動物大百科 第4巻．平凡社，1986．
正田陽一監修：家畜：動物百科 第10巻．平凡社，1987．
Edward, E.H.（楠瀬　良監訳）：アルティメイト・ブック馬．緑書房，1995．
Kilgour, R. & C. Dalton：*Livestock Behaviour*. Granada, London, 1984.
Lynch, J.J., G.N. Hinch & D.B. Adams：*The Behaviour of Sheep*. CAB International, Wallingford, 1992.
MacFadden, B.J.：*Fossil Horses*. Cambridge University Press, New York, 1992.
Mason, I.L.（Ed.）：*Evolution of Domesticated Animals*. Longman, London, 1984.
Syme, G.J. & L.A. Syme：*Social Structure in Farm Animals*. Elsevier, Amsterdam, 1979.
Waring, G.H.：*Horse Behavior*（2nd ed.）. Noyes Publications, New Jersey, 2003.

その他全般として
Dewsbury, D.A.（奥井一満訳）：比較・動物行動学．共立出版，1981．
Broom, D.M. & A.F. Fraser：*Domestic Animal Behaviour and Welfare*（4th ed.）. CABI, Wallingford, 2007.
Hafez, E.S.E.(Ed.)：*The Behaviour of Domestic Animals*（3rd ed.）. Bailliere Tindall, London, 1975.
Houpt, K.A.：*Domestic Animal Behavior*（4th ed.）. Blackwell, Iowa, 2005.
Mills, D.S.(Ed.)：*The Encyclopedia of Applied Animal Behaviour and Welfare*. CABI, Wallingford, 2010.
三村　耕編著：改訂版家畜行動学．養賢堂，1997．（旧版にはイヌを収録している．）
Sambraus, H.H.：*Nutztier Ethologie*. Paul Parey, Berlin, 1978.
Wood-Gush, D.G.M.：*Elements of Ethology*. Chapman and Hall, London, 1983.

付表　主要飼育動物の代表的行動単位およびその類別

		ウシ	ウマ	ブタ	ヤギ	ヒツジ
個体維持行動						
	摂取行動	摂食，飲水，舐塩，食土	摂食，飲水，舐塩，食糞	摂食，飲水	摂食，飲水，舐塩	摂食，飲水，舐塩
	休息行動	立位休息，伏臥位休息，横臥位休息，反芻，睡眠	立位休息，伏臥位休息，横臥位休息，睡眠	立位休息，伏臥位休息，横臥位休息，犬座位休息，睡眠	立位休息，伏臥位休息，横臥位休息，反芻，睡眠	立位休息，伏臥位休息，横臥位休息，反芻，睡眠
	排泄行動	排糞，排尿	排糞，排尿	排糞，排尿	排糞，排尿	排糞，排尿
	護身行動	パンティング，向き変え，庇陰，日光浴，水浴，群がり	向き変え，庇陰，日光浴，水浴，群がり，硬直化	パンティング，庇陰，日光浴，泥浴，群がり	パンティング，向き変え，庇陰，日光浴	パンティング，庇陰，日光浴，群がり
	身繕い行動	身震い，舐める，噛む，掻く，擦りつけ，伸び	身震い，舐める，噛む，掻く，擦りつけ，伸び，砂浴び，あくび	身震い，舐める，噛む，掻く，擦りつけ，伸び，砂浴び	身震い，舐める，噛む，掻く，擦りつけ，伸び	身震い，舐める，噛む，掻く，擦りつけ，伸び
	探査行動	聴く・視る，嗅ぐ，触れる，舐める，噛む	聴く・視る，嗅ぐ，触れる，舐める，噛む，掘る	聴く・視る，嗅ぐ，触れる，舐める，噛む，ルーティング	聴く・視る，嗅ぐ，触れる，舐める，噛む	聴く・視る，嗅ぐ，触れる，舐める，噛む
	個体遊戯行動	物を動かす，跳ね回る	物を動かす，跳ね回る	物を動かす，跳ね回る	物を動かす，跳ね回る，物に登る	物を動かす，跳ね回る，物に登る
社会行動						
	社会空間行動	個体距離保持，社会距離保持，先導，追従，発声	個体距離保持，社会距離保持，先導，追従，ハーディング	社会距離保持，先導，追従，発声	個体距離保持，社会距離保持，先導，追従，発声	個体距離保持，社会距離保持，先導，追従，発声
	社会的探査行動	聴く・視る，嗅ぐ，触れる，舐める，噛む	聴く・視る，嗅ぐ	聴く・視る，嗅ぐ，触れる，舐める	聴く・視る，嗅ぐ，触れる，舐める	聴く・視る，嗅ぐ，触れる，舐める
	敵対行動	にらみ（誇示），前掻き（誇示），土擦り（誇示），頭振り（威嚇），頭突き押し（攻撃），闘争，追撃，逃避，回避，蹴り（防御）	耳伏せ（威嚇），歯みせ（威嚇），咬む（攻撃），闘争，追撃，逃避，回避，蹴り（防御），スナッピング	泡ふき（誇示），頭振り（威嚇），牙振り（攻撃），頭突き押し（攻撃），咬む（攻撃），闘争，追撃，逃避，回避	にらみ（誇示），頭振り（威嚇），頭突き押し（攻撃），咬む（攻撃），リアクラッシュ（闘争），闘争，追撃，逃避，回避	地たたき（誇示），前掻き（誇示），頭振り（威嚇），頭突き押し（攻撃），闘争，追撃，逃避，回避
	親和行動	接触，擦りつけ，舐める	相互グルーミング	接触，擦りつけ，舐める，噛む	接触，擦りつけ	接触，舐める
	社会の遊戯行動	模擬闘争，模擬乗駕，追いかけあい	模擬闘争，追いかけあい	模擬闘争，追いかけあい，模擬乗駕	模擬闘争，模擬乗駕，追いかけあい，背乗り	模擬闘争，模擬乗駕
生殖行動						
	性行動	動き回り（誇示），陰部嗅ぎ（性的探査），尿嗅ぎ・舐め（性的探査），フレーメン（性的探査），陰部舐め・掻み（求愛），軽く突く（求愛），並列並び（求愛），リビドー（求愛），顎乗せ（求愛），不動姿勢，乗駕，交尾，背丸め	ウィンキング（誇示），頻尿（誇示），陰部嗅ぎ（性的探査），フレーメン（性的探査），乗駕，交尾	尿散布（誇示），陰部嗅ぎ（性的探査），泡吹き・発声（求愛），対頭姿勢（求愛），軽く押す（求愛），後駆突き上げ（求愛），不動姿勢，乗駕，交尾	跳躍歩行（誇示），擦りつけ，尾振り（誇示），尿散布（誇示），陰部嗅ぎ（性的探査），尿嗅ぎ・舐め（性的探査），陰部舐め・掻み（求愛），フレーメン（性的探査），ツイスト（求愛），ガーディング（求愛），前蹴り（求愛），顎乗せ（求愛），不動姿勢，乗駕，交尾	擦りつけ（誇示），陰部嗅ぎ（性的探査），尿嗅ぎ・舐め（性的探査），フレーメン（性的探査），ツイスト（求愛），ガーディング（求愛），前蹴り（求愛），軽く噛む（求愛），顎乗せ（求愛），不動姿勢，乗駕，交尾
	母子行動	分娩場所選択，娩出，舐める（世話），発声（世話・世話要求），胎盤摂取，授乳・吸乳，軽く突く（世話要求），母性の攻撃，不動姿勢，子畜群がり	分娩場所選択，娩出，舐める（世話），胎盤摂取，授乳・吸乳，母性の攻撃，追従	分娩場所選択，巣づくり，娩出，胎盤摂取，授乳・吸乳，母性の攻撃	分娩場所選択，娩出，ヤーニング，舐める（世話），発声（世話・世話要求），胎盤摂取，授乳・吸乳，母性の攻撃，不動姿勢，子畜群がり	分娩場所選択，娩出，胎盤摂取，授乳・吸乳，舐める（世話），軽く蹴る（世話），発声（世話・世話要求），母性の攻撃，追従，背乗り
葛藤行動						
	転位行動	摂食，休息，反芻，噛む・舐める	前掻き，噛む・舐める	摂食，休息，噛む・舐める	掻く，噛む・舐める	掻く，噛む・舐める
	転嫁行動	吸引，相互吸引，柵かじり，攻撃，誤吸引，相互吸乳	木食い，攻撃	耳かじり，尾かじり，仲間しゃぶり，柵かじり，攻撃	柵かじり，攻撃	吸引，羊毛食い，柵かじり
	真空行動	偽反芻，自慰		偽咀嚼，自慰	歯ぎしり，自慰	自慰
異常行動						
	常同行動	舌遊び，異物舐め，熊癖	さく癖，熊癖，回ゆう癖	柵かじり，偽咀嚼	頭回転	往復歩行，頭回転
	変則行動	犬座姿勢	犬座姿勢			
	異常反応	無関心	咬癖，蹴癖，無関心，後立ち，多飲多食，食糞	無関心，食糞，多飲多食		
	異常生殖行動	授乳拒否	授乳拒否	子殺し，授乳拒否	授乳拒否，オス間乗駕	授乳拒否，オス間乗駕
	その他の異常行動	飼料掻き上げ	舌出し			

		ニワトリ	イヌ	ネコ	クマ	チンパンジー
個体維持行動	摂取行動	摂食, 飲水	捕食, 摂食, 飲水	捕食, 摂食, 飲水	摂食, 飲水	摂食, 飲水
	休息行動	立位休息, 伏臥位休息, 睡眠	立位休息, 伏臥位休息, 横臥位休息, 犬座位休息, 睡眠	立位休息, 伏臥位休息, 横臥位休息, 犬座位休息, 睡眠	立位休息, 伏臥位休息, 横臥位休息, 犬座位休息, 仰臥位休息, 睡眠	横臥位休息, 伏臥位休息, 座位休息, 睡眠, 寝床づくり
	排泄行動	排泄	排糞, 排尿	排糞, 排尿	排糞, 排尿	排糞, 排尿
	護身行動	パンティング, 立羽毛, 庇陰, 日光浴, 群がり, パーチング, うずくまり	パンティング, 庇陰, 日光浴, 水浴, 群がり, 硬直化	パンティング, 庇陰, 日光浴, 縮こまり	庇陰, 日光浴, 水浴	縮こまり
	身繕い行動	身震い, 羽ばたき, 尾振り, 羽繕い, 頭掻き, 嘴とぎ, 伸び, 砂浴び	身震い, 舐める, 噛む, 掻く, 擦りつけ, 伸び, あくび	身震い, 舐める, 噛む, 掻く, 伸び, あくび, 爪とぎ	身震い, 舐める, 噛む, 掻く, 擦りつけ, 伸び, あくび	毛繕い, 掻く, あくび
	探査行動	聴く・視る, 地面掻き, つつき	聴く・視る, 嗅ぐ, 触れる・舐める, 噛む, 掘る	聴く・視る, 嗅ぐ, 触れる・たたく, 狭い場所に入る	聴く・視る, 嗅ぐ, 触れる, 舐める, 噛む, 掘る	視る, 嗅ぐ, 触れる, 舐める, 吸う
	個体遊戯行動		物を動かす, 走り回る, 跳ね回る, 舐める, 噛む	物に触れる・動かす, 物を追う, 噛む, 走り回る, 物に登る	物を動かす, 物に登る	擦りつけ, 物遊び, 運搬, 旋回
社会行動	社会空間行動	個体距離保持, 社会距離保持, 先導, 追従, 発声	個体距離保持, 社会距離保持, 先導, 追従, マーキング	個体距離保持, 社会距離保持, 先導, 追従, 発声, マーキング	個体距離保持	追従
	社会的探査行動	聴く・視る	聴く・視る, 嗅ぐ, 触れる	聴く・視る, 嗅ぐ, 触れる	聴く・視る, 嗅ぐ, 触れる	視る, 触れる, 噛む, 巡視
	敵対行動	羽ばたき (誇示), 気取り歩き (誇示), 威嚇, つつき (攻撃), 蹴り (攻撃), 闘争, 追撃, 逃避, 回避	歯を剥き出す (威嚇), うなる (威嚇), 咬む (攻撃), 闘争, 威嚇, 追撃, 逃避, 回避, 服従	凝視 (威嚇), うなる (威嚇), 喉からの発声 (威嚇), 鳴きあい (威嚇), 前肢でたたく (攻撃), 爪を立てる・引っ掻く (攻撃), 後肢で蹴る (攻撃), 咬む (攻撃), 闘争, 追撃, 逃避, 回避	にらみ (誇示), 口を開ける (威嚇), 咬む (攻撃), 前肢でたたく (攻撃), 闘争, 追撃, 逃避, 回避	ディスプレイ (誇示), パントフート (誇示), 踏む (誇示), 揺らす (威嚇), 突進 (威嚇), 握る (攻撃), 平手打ち (攻撃), 咬む (攻撃), 回避, 尻向け
	親和行動	つつき	接触, 噛む, 擦りつけ, 舐める	接触, 擦りつけ, 舐める, 発声, 喉鳴らし	接触, 噛む	あいさつ, 乗駕, 覆い被さる (なだめ), 抱擁, 相互グルーミング, 身体接触, 噛む, 干渉
	社会的遊戯行動	模擬乗駕, 餌の取りあい	模擬闘争, 追いかけあい, 模擬乗駕, 遊びを誘うお辞儀, 前肢の持ち上げ, 急激な接近・後退	模擬闘争, 追いかけあい, 模擬乗駕, 寝転がり	模擬闘争, 追いかけあい	模擬闘争, 追いかけあい, プレイフェイス
生殖行動	性行動	ティッドビッティング (誇示), ワルツ (誇示), 足掛け, 性のうずくまり, 乗駕, 交尾, 身震い	動き回り (誇示), 陰部嗅ぎ (性的探査), 尿嗅ぎ・舐め (性的探査), 陰部舐め (性的探査・求愛), 泡吹き (性的探査・求愛), 擦りつけ (誇示), 不動姿勢, 乗駕, 交尾	動き回り (誇示), 陰部嗅ぎ (性的探査), フレーメン (性的探査), 不動姿勢, 乗駕, 交尾, 寝転がり	陰部嗅ぎ (性的探査), 尿嗅ぎ・舐め (性的探査), 乗駕, 交尾	陰部呈示 (誇示), 陰部嗅ぎ (性的探査), 交尾
	母子行動	放卵場所選択, 巣づくり, 放卵, 抱卵, 育雛, 母性的攻撃, 追従	分娩場所選択, 巣づくり, 娩出, 舐める (世話), 発声 (世話・世話要求), 胎盤摂取, 授乳・吸乳, 鼻押し・舐めし, 吐き戻し (世話), 母性的攻撃, 追従	分娩場所選択, 巣づくり, 娩出, 胎盤摂取, 発声 (世話・世話要求), 子集め (世話), 舐める (世話), 授乳・吸乳, 母性的攻撃, 追従	分娩場所選択, 娩出, 授乳・吸乳, 母性的攻撃, 追従	授乳・吸乳, 抱擁, 子の運搬, 母子遊び
葛藤行動	転位行動	床つつき, 羽繕い	掻く, 舐める, 自傷, 掘る, 排尿	舐める・掻く, 過剰運動, 爪とぎ・尿スプレー	摂食, 休息, 噛む・舐める	グリメイス, 発声, 過剰運動, 掻く
	転嫁行動	つつき, 羽食い, 尻つつき, 攻撃	攻撃, 舐める, 吸う, 噛む	攻撃		
	真空行動	砂浴び様行動, 地面掻き様行動, 巣づくり様行動	走り回る, 自慰	埋める, 発声, 走り回る, 自慰		
異常行動	常同行動	往復歩行, 頭上下, 頭振り	往復歩行, 尾追い, 舐める・噛む, 脇腹吸い, 凝視と吠え, 空気噛み	往復歩行, 舐める・吸う・噛む, 尾追い	熊癖, 往復歩行, 頭回転, 後肢ジャンプ	熊癖
	変則行動					
	異常反応	ヒステリア, 多飲症, 硬直化	恐怖症, 多飲多食, 食糞, 異嗜	異嗜	食糞	食糞・飲尿, 吐き戻し
	異常生殖行動	オス間乗駕	授乳拒否, 子殺し, オス間乗駕	授乳拒否, 子殺し, オス間乗駕		
	その他の異常行動	食卵癖			物乞い	アイポーク

索　引

和英用語索引

あ 行

愛咬	nibbling　122
あいさつ	greeting　111, 186
アイポーク	eye poke　162, 184
あくび	yawning　59, 64-67
顎乗せ（求愛）	chin pressing/resting　120, 122, 125, 127, 166
足掛け	climbing　128
頭回転	head turning　155, 156
頭掻き	head rubbing　63
頭上下	bobbing　155
頭振り	head shaking　155
頭振り（威嚇）	head throwing, head tossing　93, 95, 97, 98
後行動	refractory/post-consummatory behavior　12
アドリブサンプリング	ad libitum sampling　13
泡ふき（誇示）	foaming saliva, champing　95
泡吹き（性的探査・求愛）	foaming　129
泡吹き・発声（求愛）	foaming and grunting　123
威嚇	threat　99, 101
育雛	brooding　139
異嗜	pica　158, 159
異常生殖行動	abnormal reproductive behavior　160
異常反応	abnormal reactivity　157
一般化線形混合モデル	GLMM　19, 20
一般化線形モデル	GLM　19
いななき	neigh-vocalization　168
異物舐め	abnormal licking　154
イベントレコーダ	event recorder　16
飲水	drinking　24-30, 32, 33
飲尿（異常）	urine driking　159
陰部嗅ぎ（性的探査）	vulva sniffing　119, 121, 122, 124, 126, 129-131
陰部呈示（誇示）	exhibiting genitalia　130
陰部舐め（求愛）	vulva licking　122
陰部舐め（性的探査・求愛）	vulva licking　129
陰部舐め・揉み（求愛）	vulva licking and massaging　119, 124, 126, 166
ウィンキング（誇示）	winking　121
動き回り（誇示）	restless, increasing motor activity　119, 128, 129
うずくまり（硬直化）	crouching　54
うなる	growl　30, 101, 102, 180
埋める（真空）	buring　153
運搬	carrying　80
子の――	144
餌の取りあい	food running　116
エソグラム	ethogram　11
枝ゆすり	branch swaying　106
追いかけ	chasing　29, 31, 77
追いかけあい	play chasing　114-118, 186
横臥位休息	lying on side, lateral lying/recumbency　34, 36, 38-41, 43
往復歩行	pacing　155, 156
尾追い	tail chasing　155, 156
覆い被さる（なだめ）	mount-embracement　112
尾かじり	tail biting　149
置き去り型	hiders, lying-out species　131
押さえつけ	pushing　30, 31
お辞儀	play bow, bobbing　111, 116
オス間乗駕	homosexual activity　160, 161
驚きの声	trill　176
尾振り	tail shaking/wagging　63, 124
オペラント条件づけ	operant conditioning　9

か 行

ガーディング（求愛）	guarding, parallel positioning　119, 125, 127
回避	avoid　94-96, 98, 100, 102-104, 107
回ゆう癖	circling, stall walking　155
鍵刺激	key stimulus　4
掻く	scratching　58-62, 64-67, 145-147
嗅ぐ	sniffing　67-73, 88-91
学習	learning　9
学習性無気力症	learned helplessness, learned inacting　153
過剰運動	hyperactivity　146, 147, 186
加速度センサー	accelerosensor　18
家畜	farm animal　2
家畜化	domestication　2
活性作用	activational effect　7
金切り声（イヌ）	scream, yelp　178
咬み殺す	biting to death　30, 31
噛む	biting, nibbling　57, 59, 60, 62, 64-66, 68-71, 73, 77, 78, 88, 91, 109-111, 113, 145, 146, 151, 155

和英用語索引　　*191*

咬む(攻撃)	biting　94, 96, 97, 101, 103, 104, 107
軽く押す(求愛)	nuzzling　123
軽く噛む(求愛)	nibbling　127
軽く蹴る(世話)	gentle kicking　138
軽く突く(求愛)	nudging　119
軽く突く(世話要求)	nudging　132
感覚エンリッチメント	sensory enrichment　185
間隔尺度	interval scale　13
環境エンリッチメント	environmental enrichment　184
かんしゃく	temper tantrum　107, 186
干渉	interference　113
間接観察	indirect observation　16
カンニバリズム	cannibalism, vent pecking　151
完了行動	consummatory behavior/phase　12
聴く・視る	hearing and watching　67-72, 87-90
木食い	wood chewing/gnawing (lignophagia)　149
偽咀嚼	sham chewing　152, 155
気取り歩き(誇示)	high-stepping　99
機能	function　1
牙振り(攻撃)	tusk throwing　96
偽反芻	sham rumination　151
吸引(転嫁)	sucking　148, 150
嗅覚系	olfactory system　6
急激な接近・後退	lunging　116
休息(転位)	resting　145, 146
休息行動	resting behavior　33
仰臥位休息	resting on one's back　43
凝視	staring　29, 31
凝視(威嚇)	staring　102, 105
凝視と吠え	staring and bark　155
恐怖症	phobia　158
空気噛み	air biting　155
嘴とぎ	bill wiping　63
口を開ける(威嚇)	opening mouth wide　104
苦痛の声	peep　176
苦痛の叫び(ネコ)	yowl　180
グリメイス	grimace　112, 146
グレイザー	grazer　163
クロウィング	crowing　85
警告音(羊声)	snort　174
形成作用	organizational effect　7
毛繕い	grooming　66
蹴り(攻撃)	kicking　100
後肢での――	kicking　103
蹴り(防御)	kicking　94, 95
犬座位休息	dog sitting　37, 41, 43
犬座姿勢	dog sitting posture　157
子集め(世話)	kitten retrieving　142
後駆突き上げ(求愛)	hindquarter lifting　123
攻撃(転嫁)	aggression　149-151
後肢ジャンプ	jumping on hindlegs　156
後肢立ち	rearing　157
硬直化	immobilization, tonic immobility　50, 55, 158
行動圏	home range　164
行動サンプリング	behavior sampling　13
行動のレパートリー	behavioral repertoire　11
行動連鎖	behavior/behavioral sequence　20
交尾	copulation, coition　120, 122, 123, 126, 127, 129-131
咬癖	biting　157
誤吸乳	milk stealing　149
子殺し	maternal cannibalism　160, 161
護身行動	self-protective behavior　49
擦りつけ	rubbing　58-62, 64, 66, 79, 86, 108-110, 124, 126, 129, 179
個体維持行動	self-maintenance behavior　23
個体距離保持	keeping individual distance　80, 81, 83-87
個体追跡法	focal animal sampling　13
個体遊戯行動	solitary/solo play behavior　74
子畜群がり	crèche(仏語)　133, 137
古典的条件づけ	classical conditioning　9
ゴロゴロ	rumbling　174

さ 行

座位休息	sitting, resting　44
最近接個体間距離	distance to nearest neighbor　174
採食エンリッチメント	feeding enrichment　184
最適戦略	optimization　2, 21
柵かじり	bar biting　148, 150, 155
さく癖	crib biting, wind sucking (aerophagia)　154
1-0 サンプリング	1-0 sampling　14
自慰	masturbation　152, 153
GPS	GPS　18
舐塩	salt licking　24, 25, 27, 28
自咬	self-bite　184
自傷	self-mutilate　146, 148, 184
自然選択	natural selection　1
持続時間	duration　15
舌遊び	tongue playing/rolling　154
地たたき(誇示)	stamping foot　98
舌出し	tongue dragging　161
忍び寄り	stalking　29, 31
地面掻き	ground scratching　70
地面掻き様行動	sham ground scratching　152
社会関係の解析	analysis for social interaction　20
社会距離保持	keeping social distance　80-86
社会空間行動	spacing behavior　80
社会構造	social structure
イエネコの――	178
イヌ(野生)の――	177
イノシシの――	169
ウシの――	165
ウマの――	167
ニワトリの――	175
ネコ(野生)の――	178

ヒツジの――	173	性行動	sexual behavior 118
ブタの――	169	性的うずくまり	sexual crouching 128
ヤギの――	172	摂取行動	ingestive behavior 23
ヤケイの――	175	摂食	eating, foraging, feeding 24-28, 30-32, 145, 146
社会的エンリッチメント	social enrichment 185	接触	physical contact 108-111
社会的順位	dominance order, social/rank order, social ranking 92, 175	絶対的順位	unidirectional dominance relationship, peck right 175
社会的促進	social facilitation 10	折衷行動	compromise behavior 145
社会的探査行動	social investigative behavior 87	背乗り	playful climbing 115, 138
社会的遊戯行動	social/parallel play behavior 113	狭い場所に入る	entry into narrow space 72
蹴癖	kicking, striking 157	背丸め	back arching 121
受動の服従	passive submission 102, 177	旋回	pirouette 80
授乳・吸乳	nursing, suckling 132, 134, 136, 137, 141, 143, 144	潜在学習	latent learning 10
		潜時	latency 15
授乳拒否	refusal to suckle, desertion, rejection, maternal rejection 160, 161	前肢でとらえる	grabbing by paw 31
		前肢の持ち上げ	raising forepaw 116
順位尺度	ordinal scale 13	先導	leadership, leading 81-86
瞬間サンプリング	instantaneous sampling 14	相互吸引	mutual sucking 148
巡視	patrol 92	相互吸乳	anomalous milk sucking (galactophagia) 149
乗駕	mounting 111, 120, 122, 123, 125, 127-130	相互グルーミング	mutual grooming 108, 112
条件づけ	conditioning 9		
常同行動	stereotyped/stereotypic behavior, stereotypy 153	た 行	
食土	soil eating 25	胎盤摂取	placentophagia 132, 134, 136, 137, 140, 142
食糞	eating feces (coprophagia) 25, 157-159	タイムサンプリング	time sampling 14
食卵癖	egg eating 162	多飲症	excess drinking (polydipsia) 158
鋤鼻系	vomeronasal system 6	多飲多食	excess drinking (polydipsia) and overeating (hyperphagia) 157, 158
尻つつき	cannibalism, vent pecking 151		
尻向け	presenting 107, 185		
進化	evolution 1	たたく	pawing 72
進化の安定戦略	evolutionarily stable strategy (ESS) 2	前肢で――	103, 104
		多変量解析	multivariate analysis 21
真空行動	vacuum activity 4, 151	探査行動	exploratory behavior, investigative behavior 67
神経伝達物質	neurotrasmitter 7		
身体接触	touching 112, 185	縮こまり(硬直化)	freezing, startle flinch 56, 57
心理的幸福	psychological well-being 184	乳つき順位	teat order 169
親和行動	affilative/amicable behavior 107	跳躍歩行(誇示)	high-stepping 123
		聴力図	audiogram 5
睡眠	sleeping 35-44	直接観察	direct observation 16
水浴	wallowing in water 49, 50, 55, 57		
吸う	sucking 74, 151, 155	追撃	chasing 93, 94, 96, 98, 100, 101, 103, 104
スキナーボックス	Skinner box 18		
鈴を鳴らすような声(ネコ)	chirrup 180	追従	followership, following 81-87, 134, 138, 139, 141, 143
頭突き押し(攻撃)	head butting or pushing, bunting 93, 96-98	追従型	follower species 131
		ツイスト(求愛)	twist 125, 126
巣づくり	nest building 134, 139-141	対頭姿勢(求愛)	nose-to-nose contact, head-to-head positioning 123
巣づくり型	den or nest building species 131		
巣づくり様行動	vacuum nest building 152	土擦り(誇示)	horning 93
砂浴び	sand bathing, dust bathing 59, 60, 62, 63	つつき	pecking 70, 109, 150
		つつき(攻撃)	aggressive pecking 99
砂浴び様行動	sham dust bathing, sham sand bathing 152	つつき順位	peck order 92, 175
		爪とぎ	scratching 65, 86, 146
スナッピング	snapping 95, 168	爪を立てる	scratching 103
スパーリング	sparring 97		

ディストレスコール	distress call 138
ディスプレイ(誇示)	display 105
ティッドビッティング(誇示)	tidbitting 127
泥浴	wallowing in mud 51
データ	data 14
データロガー	data logger 17
適応度	fitness 1
敵対行動	agonistic behavior 92
テレメータ	telemeter 17
転位行動	displacement behavior(「押し退け行動」にも使う) 145
添加行動	adjunctive behavior 145
転嫁行動	redirected behavior 148
動機づけ	motivation 4
動機づけレベル	motivation 2
道具使用行動	tool using behavior 2
闘争	fighting, head-to-head contact 93, 94, 96-98, 100, 101, 103, 104
逃走距離	flight distance 173
逃避	escape 93, 95, 96, 98, 100, 101, 103, 104
動物園動物	zoo animal 3
冬眠	winter denning, hibernation 143
遠吠え(イヌ)	howl 178
突進(威嚇)	charging 106
止まり木止まり	perching 54

な 行

仲直り	reconciliation 91, 112, 185
長鳴き(ネコ)	mowl 180
仲間しゃぶり	sucking penmates/peers 149
鳴きあい(威嚇)	hissing 102
鳴きあい(闘争)	howl 180
鳴く(ネコ)	miaow 180
舐める	licking 57, 58, 60, 62, 64-66, 68-71, 73, 74, 77, 88, 89, 109, 110, 132, 133, 136, 138, 140, 142, 145, 146, 151, 155
慣れ	habituation 9
握る(攻撃)	grabbing 106
日光浴	sunbathing 49-56
尿嗅ぎ・舐め(性的探査)	urine sniffing and licking 119, 129, 130
尿散布	rhythmic emission of urine, scent urination 86, 87, 122
尿散布(ヤギ)	self-enurination 124
尿スプレー	spraying 146
にらみ(誇示)	display threat, fight-flight posture, head threat 92, 96, 103
認知的エンリッチメント	cognitive enrichment 185
ネオテニー	neoteny 178
寝転がり	rolling 117, 130
寝床づくり	nesting 44

能動的服従	active submission 102, 177
喉鳴らし	purring 110
伸び	stretching 58-66
ノンパラメトリック	non-parametric 19

は 行

パーチング	perching 54
ハーディング	herding 82
排泄	excretion 47
排泄行動	eliminative behavior 44
排尿	urination 45-48, 146
排糞	defecation, dunging 45-48
歯ぎしり	teeth grinding 152
吐き戻し	regurgitation 141, 159
走り回る	running, running around 77, 78, 152, 153
羽繕い	preening 63, 146
発現機構	causation 1
発声	vocalization, vocalizing 81, 83-86, 110, 132, 136, 138, 140, 142, 147, 153
喉からの——	102
発達	development 1
抜毛	self-depilate 184
鼻押し・舐め(世話)	licking 141
鼻をならす(イヌ)	grunt 178
羽食い	feather pecking/pulling 151
跳ね回る	gamboling capering, locomoter-rotational exercise 74-77
羽ばたき(誇示)	wing flapping 63, 99
歯みせ(威嚇)	teeth clapping 94
パラメトリック	parametric 19, 20
ハレム群	family band, harem 167
歯をならす	tooth snapping 178
歯を剥き出す(威嚇)	lip lifting 100
繁殖成功	reproductive success 1
反芻	rumination, cudding, chewing the cud 35, 38, 39, 145
パンティング(浅速呼吸)	panting 49, 51-53, 55, 56
パントグラント	pant-grunt 111, 186
パントフート	pant-hoot 105, 186
伴侶動物	companion animal 3
庇陰	seeking shade/shelter 49-53, 55, 56
ヒステリア	hysteria 157
引っ掻く	scratching 103
悲鳴	shriek 176
平手打ち(攻撃)	slapping 106
比率尺度	ratio scale 13
頻尿(誇示)	frequent urinating 121
フィンパー	whimper, whine 147, 178, 186
フードコール	food call 127
伏臥位休息	lying on belly, sternum lying/recumbency 34-42, 44
服従	submissiom 102

物理的エンリッチメント	physical enrichment 184
不動姿勢	immobility, freezing, standing, mating stance 120, 123, 125, 127, 129, 130, 133, 136, 168
踏む(誇示)	stamping 105
プライド	pride 178
プライマーフェロモン	primar pheromone 6
ブラウザー	browser 6, 163
フラクタル解析	fractale analysis 20
フリーマーチン	freemartin 160
振り子行動	alternation behavior 145
プレイフェイス	play face 118
フレーメン	flehmen, lip curl 88, 118, 119, 121, 125, 126, 130, 135
触れる	touching 68-73, 77-91
文化	culture 185
文化的行動	cultural behavior 2
分娩場所選択	seeking isolation for parturition 131, 133, 134, 135, 137, 140, 141, 143
糞放置	middening 86, 87
並列並び(求愛)	parallel and opposite position, parallel stance 120
ペーシング	stereotyped pacing 138
ヘッドレスリング	head wrestling 97
娩出	parturition, delivery, labor 132-135, 137, 140, 142, 143
変則行動	abnormal body movements 156
弁別学習	discrimination learning 10
保育園	crèche(仏語) 133
ポインティング	pointing 30
抱擁	embracement 112, 144
放卵	egg laying, oviposition 139
抱卵	incubation 139
放卵場所選択	nest site selection 138
吠える	bark 30, 178
保護作用	protective effect 7
母子遊び	idle/mother-infant playing 144
母子行動	mother-infant behavior, parent-offspring behavior 131
捕食	predation, predatory behavior 29, 31
母性的攻撃	maternal aggression 133-136, 138-141, 143
掘る	digging, pawing 69, 71, 73, 146

ま行

マーキング	marking 86, 121
マウンティング	mounting 111
前掻き(誇示)	digging, pawing, scraping 93, 98
前蹴り(求愛)	ritualized kicking with a foreleg 125, 127
満足の声	twitter 176
身繕い行動	grooming behavior 57
身震い	shivering, shaking 57, 58, 60, 62-66, 128
耳かじり	ear biting 149
耳伏せ(威嚇)	ear backing 94
視る	watching 73, 91
無関心	somnolent dog sitting, apathy 157
向き変え	orienting 49, 50, 52
群がり	huddling 50, 51, 53, 54, 55
名義尺度	nominal scale 12
メエメエ	bleat 174
模擬乗駕	sexual play 114-117, 186
模擬闘争	mock fighting 113-117, 186
物遊び	object playing 79
物乞い	begging 162
物に登る	climbing 76, 78
物を動かす	bush horning, object play, repetitive manipulation of objects 74-78
模倣学習	imitation/mimicry learning 10

や行

ヤーニング	yawning 135
野生化	feral 172
熊癖	weaving 154-156
床つつき	ground/floor pecking 146
揺らす(威嚇)	rocking 106
羊毛食い	wool pulling, hair eating (trichophagia) 150
ヨーニング	yawning 135
欲求行動	appetitive behavior 12

ら行

ランダムウォーク	random walk 20
リアクラッシュ(闘争)	rear clash 97
立位休息	stand resting 34-42
立羽毛	feather ruffling 53
リビドー	libido 118, 120
両面価値行動	ambivalent behavior 144
リリーサーフェロモン	releaser pheromone 6
ルーティング	rooting 69, 144
連続観察	continuous observation 14

わ行

若オス群	bachelor band 167
脇腹吸い	flank sucking 155
ワッジ	wadge 33
ワルツ(誇示)	waltzing 127

英和用語索引

A

abnormal body movements	変則行動	156
abnormal licking	異物舐め	154
abnormal reactivity	異常反応	157
abnormal reproductive behavior	異常生殖行動	160
accelerosensor	加速度センサー	18
activational effect	活性作用	7
active submission	能動的服従	102, 177
ad libitum sampling	アドリブサンプリング	13
adjunctive behavior	添加行動	145
affilative behavior	親和行動	107
aggression	攻撃（転嫁）	149-151
aggressive pecking	つつき（攻撃）	99
agonistic behavior	敵対行動	92
air biting	空気噛み	155
alternation behavior	振り子行動	145
ambivalent behavior	両面価値行動	144
amicable behavior	親和行動	107
analysis for social interaction	社会関係の解析	20
anomalous milk sucking (galactophagia)	相互吸乳	149
apathy	無関心	157
appetitive behavior	欲求行動	12
audiogram	聴力図	5
avoid	回避	94-96, 98, 100, 102-104, 107

B

bachelor band	若オス群	167
back arching	背丸め	121
bar biting	柵かじり	148, 150, 155
bark	吠える	30, 178
begging	物乞い	162
behavior sampling	行動サンプリング	13
behavior/behavioral sequence	行動連鎖	20
behavioral repertoire	行動のレパートリー	11
bill wiping	嘴とぎ	63
biting	噛む	57, 59, 60, 62, 64-66, 68-71, 73, 77, 78, 88, 91, 109-111, 113, 145, 146, 151, 155
	咬む（攻撃）	94, 96, 97, 101, 103, 104, 107
	咬癖	157
biting to death	咬み殺す	30, 31
bleat	メエメエ	174
bobbing	頭上下	155
	お辞儀	111
branch swaying	枝ゆすり	106
brooding	育雛	139
browser	ブラウザー	6, 163
bunting	頭突き押し（攻撃）	93, 96-98
buring	埋める（真空）	153
bush horning	物を動かす	74-78

C

cannibalism	尻つつき	151
carrying	運搬	80
causation	発現機構	1
champing	泡ふき（誇示）	95
charging	突進（威嚇）	106
chasing	追いかけ	29, 31, 77
	追撃	93, 94, 96, 98, 100, 101, 103, 104
chewing the cud	反芻	35, 38, 39, 145
chin pressing/resting	顎乗せ（求愛）	120, 122, 125, 127, 166
chirrup	鈴を鳴らすような声（ネコ）	180
circling	回ゆう癖	155
classical conditioning	古典的条件づけ	9
climbing	足掛け	128
	物に登る	76, 78
cognitive enrichment	認知的エンリッチメント	185
coition	交尾	120, 122, 123, 126, 127, 129-131
companion animal	伴侶動物	3
compromise behavior	折衷行動	145
conditioning	条件づけ	9
consummatory behavior/phase	完了行動	12
continuous observation	連続観察	14
copulation	交尾	120, 122, 123, 126, 127, 129-131
crèche（仏語）	子畜群がり（保育園）	133, 137
crib biting	さく癖	154
crouching	うずくまり（硬直化）	54
crowing	クロウィング	85
cudding	反芻	35, 38, 39, 145
cultural behavior	文化的行動	2
culture	文化	185

D

data	データ	14
data logger	データロガー	17
defecation	排糞	45-48
delivery	娩出	132-135, 137, 140, 142, 143
den or nest-building species	巣づくり型	131
desertion	授乳拒否	160, 161
development	発達	1

digging	掘る 69, 71, 73, 146			103, 104
	前掻き（誇示）93, 98		fitness	適応度 1
direct observation	直接観察 16		flank sucking	脇腹吸い 155
discrimination learning	弁別学習 10		flehmen	フレーメン 88, 118, 119, 121, 125, 126, 130, 135
displacement behavior	転位行動（「押し退け行動」にも使う）145		flight distance	逃走距離 173
display	ディスプレイ（誇示）105		floor pecking	床つつき 146
display threat	にらみ（誇示）92, 96, 103		foaming	泡吹き（性的探査・求愛）129
distance to nearest neighbor	最近接個体間距離 174		foaming and grunting	泡吹き・発声（求愛）123
			foaming saliva	泡ふき（誇示）95
distress call	ディストレスコール 138		focal animal sampling	個体追跡法 13
dog-sitting	犬座位休息 37, 41, 43		follower species	追従型 131
dog-sitting posture	犬座姿勢 157		followership, following	追従 81-87, 134, 138, 139, 141, 143
domestication	家畜化 2			
dominance order	社会的順位 92, 175		food call	フードコール 127
drinking	飲水 24-30, 32, 33		food running	餌の取りあい 116
dunging	排糞 45-48		foraging	摂食 24-28, 30-32, 145, 146
duration	持続時間 15		fractale analysis	フラクタル解析 20
dust bathing	砂浴び 59, 60, 62, 63		freemartin	フリーマーチン 160
			freezing	縮こまり（硬直化）56, 57
E				不動姿勢 120, 123, 125, 127, 129, 130, 133, 136, 168
ear backing	耳伏せ（威嚇）94			
ear biting	耳かじり 149		frequent urinating	頻尿（誇示）121
eating	摂食 24-28, 30-32, 145, 146		function	機能 1
eating feces (coprophagia)	食糞 25, 157-159			
egg eating	食卵癖 162		**G**	
egg laying	放卵 139		gamboling capering	跳ね回る 74-77
eliminative behavior	排泄行動 44		gentle kicking	軽く蹴る（世話）138
embracement	抱擁 112, 144		GLM	一般化線形モデル 19
entry into narrow space	狭い場所に入る 72		GLMM	一般化線形混合モデル 19, 20
environmental enrichment	環境エンリッチメント 184		GPS	GPS 18
escape	逃避 93, 95, 96, 98, 100, 101, 103, 104		grabbing	握る（攻撃）106
			grabbing by paw	前肢でとらえる 31
ethogram	エソグラム 11		grazer	グレイザー 163
event recorder	イベントレコーダ 16		greeting	あいさつ 111, 186
evolution	進化 1		grimace	グリメイス 112, 146
evolutionally stable strategy (ESS)	進化的安定戦略 2		grooming	毛繕い 66
			grooming behavior	身繕い行動 57
excess drinking (polydipsia)	多飲症 158		ground pecking	床つつき 146
			ground scratching	地面掻き 70
excess drinking (polydipsia) and overeating (hyperphagia)	多飲多食 157, 158		growl	うなる 30, 101, 102, 180
			grunt	鼻をならす（イヌ）178
			guarding, parallel positioning	ガーディング（求愛）119, 125, 127
excretion	排泄 47			
exhibiting genitalia	陰部呈示（誇示）130		**H**	
exploratory behavior	探査行動 67		habituation	慣れ 9
eye poke	アイポーク 162, 184		hair eating (trichophagia)	羊毛食い 150
			harem	ハレム群 167
F			head butting or pushing	頭突き押し（攻撃）93, 96-98
family band	ハレム群 167		head rubbing	頭掻き 63
farm animal	家畜 2		head shaking	頭振り 155
feather pecking/pulling	羽食い 151		head threat	にらみ（誇示）92, 96, 103
feather ruffling	立羽毛 53		head throwing, head tossing	頭振り（威嚇）93, 95, 97, 98
feeding	摂食 24-28, 30-32, 145, 146		head turning	頭回転 155, 156
feeding enrichment	採食エンリッチメント 184		head wrestling	ヘッドレスリング 97
feral	野生化 172		head-to-head contact	闘争 93, 94, 96-98, 100, 101, 103, 104
fight-flight posture	にらみ（誇示）92, 96, 103			
fighting	闘争 93, 94, 96-98, 100, 101,			

head-to-head positioning	対頭姿勢(求愛) 123		110, 132, 133, 136, 138, 140, 142, 145, 146, 151, 155
hearing and watching	聴く・視る 67-72, 87-90		鼻押し・舐め(世話) 141
herding	ハーディング 82	lip curl	フレーメン 88, 118, 119, 121, 125, 126, 130, 135
hibernation	冬眠 143		
hiders	置き去り型 131	lip lifting	歯を剥き出す(威嚇) 100
high-stepping	気取り歩き(誇示) 99	locomoter-rotational exercise	跳ね回る 74-77
	跳躍歩行(誇示) 123		
hindquarter lifting	後駆突き上げ(求愛) 123	lunging	急激な接近・後退 116
hissing	鳴く(威嚇) 102	lying on belly	伏臥位休息 34-42, 44
home range	行動圏 164	lying on side	横臥位休息 34, 36, 38-41, 43
homosexual activity	オス間乗駕 160, 161	lying-out species	置き去り型 131
horning	土擦り(誇示) 93		
howl	遠吠え(イヌ) 178	**M**	
	鳴きあい(闘争) 180		
huddling	群がり 50, 51, 53, 54, 55	marking	マーキング 86, 121
hyperactivity	過剰運動 146, 147, 186	masturbation	自慰 152, 153
hysteria	ヒステリア 157	maternal aggression	母性的攻撃 133-136, 138-141, 143
I		maternal cannibalism	子殺し 160, 161
idle playing	母子遊び 144	maternal rejection	授乳拒否 160, 161
imitation learning	模倣学習 10	mating stance	不動姿勢 120, 123, 125, 127, 129, 130, 133, 136, 168
immobility	不動姿勢 120, 123, 125, 127, 129, 130, 133, 136, 168	miaow	鳴く(ネコ) 180
immobilization	硬直化 50, 55, 158	middening	糞放置 86, 87
increasing motor activity	動き回り(誇示) 119, 128, 129	milk stealing	誤吸乳 149
incubation	抱卵 139	mimicry learning	模倣学習 10
indirect observation	間接観察 16	mock fighting	模擬闘争 113-117, 186
ingestive behavior	摂取行動 23	mother-infant behavior	母子行動 131
instantaneous sampling	瞬間サンプリング 14	mother-infant playing	母子遊び 144
interference	干渉 113	motivation	動機づけ 4
interval scale	間隔尺度 13		動機づけレベル 2
investigative behavior	探査行動 67	mount-embracement	覆い被さる(なだめ) 112
		mounting	乗駕 111, 120, 122, 123, 125, 127-130
J			マウンティング 111
jumping on hindlegs	後肢ジャンプ 156	mowl	長鳴き(ネコ) 180
		multivariate analysis	多変量解析 21
K		mutual grooming	相互グルーミング 108, 112
keeping individual distance	個体距離保持 80, 81, 83-87	mutual sucking	相互吸引 148
keeping social distance	社会距離保持 80-86	**N**	
key stimulus	鍵刺激 4		
kicking	蹴り(攻撃) 100, 103	natural selection	自然選択 1
	蹴り(防御) 94, 95	neigh-vocalization	いななき 168
	蹴癖 157	neoteny	ネオテニー 178
kitten retrieving	子集め(世話) 142	nest building	巣づくり 134, 139-141
		nest site selection	放卵場所選択 138
L		nesting	寝床づくり 44
labor	娩出 132-135, 137, 140, 142, 143	neurotrasmitter	神経伝達物質 7
		nibbling	噛む 57, 59, 60, 62, 64-66, 68-71, 73, 77, 78, 88, 91, 109-111, 113, 145, 146, 151, 155
latency	潜時 15		
latent learning	潜在学習 10		
lateral lying/recumbency	横臥位休息 34, 36, 38-41, 43		
leadership, leading	先導 81-86		愛咬 122
learned helplessness/ inacting	学習性無気力症 153		軽く噛む(求愛) 127
		nominal scale	名義尺度 12
learning	学習 9	non-parametric	ノンパラメトリック 19
libido	リビドー 118, 120	nose-to-nose contact	対頭姿勢(求愛) 123
licking	舐める 57, 58, 60, 62, 64-66, 68-71, 73, 74, 77, 88, 89, 109,	nudging	軽く突く(求愛) 119
			軽く突く(世話要求) 132

nursing	授乳・吸乳　132, 134, 136, 137, 141, 143, 144	protective effect	保護作用　7
nuzzling	軽く押す（求愛）　123	psychological well-being	心理的幸福　184
		purring	喉鳴らし　110
		pushing	押さえつけ　30, 31

O

object play	物を動かす　74-78
object playing	物遊び　79
olfactory system	嗅覚系　6
opening mouth wide	口を開ける（威嚇）　104
operant conditioning	オペラント条件づけ　9
optimization	最適戦略　2, 21
ordinal scale	順位尺度　13
organizational effect	形成作用　7
orienting	向き変え　49, 50, 52
oviposition	放卵　139

R

raising forepaw	前肢の持ち上げ　116
random walk	ランダムウォーク　20
rank order	社会的順位　92, 175
ratio scale	比率尺度　13
rear clash	リアクラッシュ（闘争）　97
rearing	後肢立ち　157
reconciliation	仲直り　91, 112, 185
redirected behavior	転嫁行動　148
refractory behavior	後行動　12
refusal to suckle	授乳拒否　160, 161
regurgitation	吐き戻し　141, 159
rejection	授乳拒否　160, 161
releaser pheromone	リリーサーフェロモン　6
repetitive manipulation of objects	物を動かす　74-78
reproductive success	繁殖成功　1
resting	座位休息　44
	休息（転位）　145, 146
resting behavior	休息行動　33
resting on one's back	仰臥位休息　43
restless	動き回り（誇示）　119, 128, 129
rhythmic emission of urine	尿散布　86, 87, 122
ritualized kicking with a foreleg	前蹴り（求愛）　125, 127
rocking	揺らす（威嚇）　106
rolling	寝転がり　117, 130
rooting	ルーティング　69, 144
rubbing	擦りつけ　58-62, 64, 66, 79, 86, 108-110, 124, 126, 129, 179
rumbling	ゴロゴロ　174
rumination	反芻　35, 38, 39, 145
running, running around	走り回る　77, 78, 152, 153

P

pacing	往復歩行　155, 156
pant-grunt	パントグラント　111, 186
pant-hoot	パントフート　105, 186
panting	パンティング（浅速呼吸）　49, 51-53, 55, 56
parallel and opposite position, parallel stance	並列並び（求愛）　120
parallel play behavior	社会的遊戯行動　113
parametric	パラメトリック　19, 20
parent-offspring behavior	母子行動　131
parturition	娩出　132-135, 137, 140, 142, 143
passive submission	受動的服従　102, 177
patrol	巡視　92
pawing	掘る　69, 71, 73, 146
	前掻き（誇示）　93, 98
	たたく　72
peck order	つつき順位　92, 175
peck right	絶対的順位　175
pecking	つつき　70, 109, 150
peep	苦痛の声　176
perching	止まり木止まり　54
phobia	恐怖症　158
physical contact	接触　108-111
physical enrichment	物理的エンリッチメント　184
pica	異嗜　158, 159
pirouette	旋回　80
placentophagia	胎盤摂取　132, 134, 136, 137, 140, 142
play bow	お辞儀　116
play face	プレイフェイス　118
playful climbing	背乗り　115, 138
pointing	ポインティング　30
post-consummatory behavior	後行動　12
predation, predatory behavior	捕食　29, 31
preening	羽繕い　63, 146
presenting	尻向け　107, 185
pride	プライド　178
primar pheromone	プライマーフェロモン　6

S

salt licking	舐塩　24, 25, 27, 28
1-0 sampling	1-0サンプリング　14
sand bathing	砂浴び　59, 60, 62, 63
scent urination	尿散布　86, 87, 122
scraping	前掻き（誇示）　93, 98
scratching	掻く　58-62, 64-67, 145-147
	爪とぎ　65, 86, 146
	爪を立てる　103
	引っ掻く　103
scream	金切り声（イヌ）　178
seeking isolation for parturition	分娩場所選択　131, 133, 134, 135, 137, 140, 141, 143
seeking shade/shelter	庇陰　49-53, 55, 56
self-bite	自咬　184
self-depilate	抜毛　184
self-enurination	尿散布（ヤギ）　124
self-maintenance behavior	個体維持行動　23
self-mutilate	自傷　146, 148, 184

self-protective behavior	護身行動 49	sunbathing	日光浴 49-56
sensory enrichment	感覚エンリッチメント 185	**T**	
sexual behavior	性行動 118		
sexual crouching	性的うずくまり 128	tail biting	尾かじり 149
sexual play	模擬乗駕 114-117, 186	tail chasing	尾追い 155, 156
shaking	身震い 57, 58, 60, 62-66, 128	tail shaking/wagging	尾振り 63, 124
sham chewing	偽咀嚼 152, 155	teat order	乳つき順位 169
sham dust bathing	砂浴び様行動 152	teeth clapping	歯みせ（威嚇） 94
sham ground scratching	地面掻き様行動 152	teeth grinding	歯ぎしり 152
sham rumination	偽反芻 151	telemeter	テレメータ 17
sham sand bathing	砂浴び様行動 152	temper tantrum	かんしゃく 107, 186
shelter	庇陰 49-53, 55, 56	threat	威嚇 99, 101
shivering	身震い 57, 58, 60, 62-66, 128	tidbitting	ティッドビッティング（誇示） 127
shriek	悲鳴 176	time sampling	タイムサンプリング 14
sitting	座位休息 44	tongue dragging	舌出し 161
Skinner box	スキナーボックス 18	tongue playing/rolling	舌遊び 154
slapping	平手打ち（攻撃） 106	tonic immobility	硬直化 50, 55, 158
sleeping	睡眠 35-44	tool using behavior	道具使用行動 2
snapping	スナッピング 95, 168	tooth snapping	歯をならす 178
sniffing	嗅ぐ 67-73, 88-91	touching	触れる 68-73, 77-91
snort	警告音（羊声） 174		身体接触 112, 185
social enrichment	社会的エンリッチメント 185	trill	驚きの声 176
social facilitation	社会的促進 10	tusk throwing	牙振り（攻撃） 96
social investigative behavior	社会的探査行動 87	twist	ツイスト（求愛） 125, 126
social order/ranking	社会的順位 92, 175	twitter	満足の声 176
social play behavior	社会的遊戯行動 113	**U**	
social structure	社会構造 165, 167, 169, 172, 173, 175, 177, 178		
		unidirectional dominance relationship	絶対的順位 175
soil eating	食土 25	urination	排尿 45-48, 146
solitary/solo play behavior	個体遊戯行動 74	urine driking	飲尿（異常） 159
somnolent dog sitting	無関心 157	urine sniffing and licking	尿嗅ぎ・舐め（性的探査） 119, 129, 130
spacing behavior	社会空間行動 80		
sparring	スパーリング 97	**V**	
spraying	尿スプレー 146		
stalking	忍び寄り 29, 31	vacuum activity	真空行動 4, 151
stall walking	回ゆう癖 155	vacuum nest building	巣づくり様行動 152
stamping	踏む（誇示） 105	vent pecking	尻つつき 151
stamping foot	地たたき（誇示） 98	vocalization, vocalizing	発声 81, 83-86, 110, 132, 136, 138, 140, 142, 147, 153
stand resting	立位休息 34-42		
standing	不動姿勢 120, 123, 125, 127, 129, 130, 133, 136, 168	vomeronasal system	鋤鼻系 6
		vulva licking	陰部舐め（求愛） 122
staring	凝視 29, 31		陰部舐め（性的探査・求愛） 129
	凝視（威嚇） 102, 105		
staring and bark	凝視と吠え 155	vulva licking and massaging	陰部舐め・揉み（求愛） 119, 124, 126, 166
startle flinch	縮こまり（硬直化） 56, 57		
stereotyped/stereotypic behavior, stereotypy	常同行動 153	vulva sniffing	陰部嗅ぎ（性的探査） 119, 121, 122, 124, 126, 129-131
stereotyped pacing	ペーシング 138	**W**	
sternum lying/recumbency	伏臥位休息 34-42, 44		
stretching	伸び 58-66	wadge	ワッジ 33
striking	蹴癖 157	wallowing in mud	泥浴 51
submissiom	服従 102	wallowing in water	水浴 49, 50, 55, 57
sucking	吸う 74, 151, 155	waltzing	ワルツ（誇示） 127
	吸引（転嫁） 148, 150	watching	視る 73, 91
sucking penmates/peers	仲間しゃぶり 149	weaving	熊癖 154-156
suckling	授乳・吸乳 132, 134, 136, 137, 141, 143, 144	whimper, whine	フィンパー 147, 178, 186

wind sucking (aerophagia)	さく癖 154		**Y**
wing flapping	羽ばたき（誇示） 63, 99	yawning	あくび 59, 64-67
winking	ウィンキング（誇示） 121		ヤーニング（ヨーニング） 135
winter denning	冬眠 143	yelp	金切り声（イヌ） 178
wood chewing/gnawing (lignophagia)	木食い 149	yowl	苦痛の叫び（ネコ） 180
wool pulling	羊毛食い 150		**Z**
		zoo animal	動物園動物 3

編著者略歴

佐藤 衆介
1949年 宮城県に生まれる
1978年 東北大学大学院農学研究科博士課程修了
現 在 東北大学大学院農学研究科教授
農学博士

近藤 誠司
1950年 京都府に生まれる
1977年 北海道大学大学院農学研究科修士課程修了
現 在 北海道大学大学院農学研究院教授/同大学北方生物圏フィールド科学センター長
農学博士

田中 智夫
1953年 大阪府に生まれる
1979年 広島大学大学院農学研究科修士課程修了
現 在 麻布大学獣医学部教授
農学博士

楠瀬 良
1951年 千葉県に生まれる
1977年 東京大学大学院農学研究科修士課程修了
現 在 社団法人日本装蹄師会常務理事
農学博士

森 裕司
1953年 高知県に生まれる
1982年 東京大学大学院農学系研究科博士課程修了
現 在 東京大学大学院農学生命科学研究科教授
農学博士

伊谷 原一
1957年 京都府に生まれる
1984年 酪農学園大学大学院酪農学研究科修士課程修了
現 在 京都大学野生動物研究センター教授/センター長
株式会社林原生物化学研究所類人猿研究センター所長
理学博士

動物行動図説
―家畜・伴侶動物・展示動物―

定価はカバーに表示

2011年9月10日　初版第1刷
2015年1月15日　　　第4刷

編著者　佐　藤　衆　介
　　　　近　藤　誠　司
　　　　田　中　智　夫
　　　　楠　瀬　　　良
　　　　森　　　裕　司
　　　　伊　谷　原　一
発行者　朝　倉　邦　造
発行所　株式会社　朝倉書店
東京都新宿区新小川町6-29
郵便番号　162-8707
電　話　03(3260)0141
FAX　03(3260)0180
http://www.asakura.co.jp

〈検印省略〉

© 2011〈無断複写・転載を禁ず〉
ISBN 978-4-254-45026-2　C 3061

壮光舎印刷・渡辺製本
Printed in Japan

JCOPY 〈(社)出版者著作権管理機構 委託出版物〉
本書の無断複写は著作権法上での例外を除き禁じられています．複写される場合は，そのつど事前に，(社)出版者著作権管理機構（電話 03-3513-6969，FAX 03-3513-6979，e-mail: info@jcopy.or.jp）の許諾を得てください．

岡山理大 福田勝洋編著	動物(家畜)形態学の基礎的テキスト。図・写真・トピックスを豊富に掲載し，初学者でも読み進めるうちに基本的な知識が身につく。〔内容〕細胞と組織／外皮系／骨格系／筋系／消化器／呼吸器／泌尿器／循環器／脳・神経／内分泌系／生殖器
図説 動物形態学	
45022-4 C3061　B5判 184頁 本体4500円	

前北大 菅野富夫・農工大 田谷一善編	国内の第一線の研究者による，はじめての本格的な動物生理学のテキスト。〔内容〕細胞の構造と機能／比較生理学／腎臓と体液／神経細胞と筋細胞／血液循環と心臓血管系／呼吸／消化・吸収と代謝／内分泌・乳分泌と生殖機能／神経系の機能
動物生理学	
46024-7 C3061　B5判 488頁 本体15000円	

東北大 佐藤英明編著	再生医療分野からも注目を集めている動物生殖学を，第一人者が編集。新章を加え，資格試験に対応。〔内容〕高等動物の生殖器官と構造／ホルモン／免疫／初期胚発生／妊娠と分娩／家畜人工授精・家畜受精卵移植の資格取得／他
新 動物生殖学	
45027-9 C3061　A5判 216頁 本体3400円	

前北大 斉藤昌之・麻布大 鈴木嘉彦・酪農大 横田 博編	獣医師国家試験の内容をふまえた，生化学の新たな標準的教科書。本文2色刷り，豊富な図表を駆使して，「読んでみたくなる」工夫を随所にこらした。〔内容〕生体構成分子の構造と特徴／代謝系／生体情報の分子基盤／比較生化学と疾病
獣医生化学	
46025-4 C3061　B5判 248頁 本体8000円	

M.L.モリソン著 農工大 梶 光一他監訳	地域環境を復元することにより，その地域では絶滅した野生動物を再導入し，本来の生態を取りもどす「生態復元学」に関する初の技術書。〔内容〕歴史的評価／研究設計の手引き／モニタリングの基礎／サンプリングの方法／保護区の設計／他
生息地復元のための野生動物学	
18029-9 C3040　B5判 152頁 本体4300円	

日本獣医大 今井壯一・岩手大 板垣 匡・鹿児島大 藤﨑幸藏編	寄生虫学ならびに寄生虫病学の最もスタンダードな教科書として多年好評を博してきた前著の全面改訂版。豊富な図版と最新の情報を盛り込んだ獣医学生のための必携教科書・参考書。〔内容〕総論／原虫類／蠕虫類／節足動物／分類表／他
最新 家畜寄生虫病学	
46027-8 C3061　B5判 336頁 本体12000円	

前東大 髙橋英司編	獣医学を学ぶ学生にとって必要な，小動物の基礎から臨床までの重要事項をコンパクトにまとめたハンドブック。獣医師国家試験ガイドラインに完全準拠の内容構成で，要点整理にも最適。〔内容〕動物福祉と獣医倫理／特性と飼育・管理／感染症／器官系の構造・機能と疾患(呼吸器系／循環器系／消化器系／泌尿器系／生殖器系／運動器系／神経系／感覚器／血液・造血器系／内分泌・代謝系／皮膚・乳腺／生殖障害と新生子の疾患／先天異常と遺伝性疾患)
小動物ハンドブック（普及版） ―イヌとネコの医療必携―	
46030-8 C3061　A5判 352頁 本体5800円	

野生生物保護学会編	地球環境問題，生物多様性保全，野生動物保護への関心は専門家だけでなく，一般の人々にもますます高まってきている。生態系の中で野生動物と共存し，地球環境の保全を目指すために必要な知識を与えることを企図し，この一冊で日本の野生動物保護の現状を知ることができる必携の書。〔内容〕I：総論(希少種保全のための理論と実践／傷病鳥獣の保護／放鳥と遺伝子汚染／河口堰／他)II：各論(陸棲・海棲哺乳類／鳥類／両生・爬虫類／淡水魚)III：特論(北海道／東北／関東／他)
野生動物保護の事典	
18032-9 C3540　B5判 792頁 本体28000円	

小宮山鐵朗・鈴木愼二郎・菱沼 毅・森地敏樹編	遺伝子工学の応用をはじめ進展の著しい畜産技術や畜産物加工技術などを含め，わが国の畜産の最先端がわかるように解説。研究者・技術はもとより周辺領域の人たちにとっても役立つ事典。〔内容〕総論：畜産の現状と将来／家畜の品種／育種／繁殖／生理・生態／管理／栄養／飼料／畜産物の利用と加工／草地と飼料作物／ふん尿処理と利用／衛生／経営／法規。各論：乳牛／肉牛／豚／めん羊・山羊／馬／鶏／その他(毛皮獣，ミツバチ，犬，実験動物，鹿，特用家畜)／飼料作物／草地
畜産総合事典（普及版）	
45024-8 C3561　A5判 788頁 本体19000円	

上記価格（税別）は2014年12月現在